Nanossegurança

Guia de boas práticas em nanotecnologia para fabricação e laboratórios

Dados Internacionais de Catalogação na Publicação (CIP)
(Câmara Brasileira do Livro, SP, Brasil)

Berti, Leandro Antunes
    Nanossagurança : guia de boas práticas em nano-
tecnologia para a fabricação e laboratórios / Leandro
Antunes Berti, Luismar Marques Porto. – São Paulo :
Cengage Learning, 2016.

    Bibliografia
    ISBN 978-85-221-2537-1

    1. Nanotecnologia 2. Nanotecnologia - Avaliação de
riscos 3. Nanossegurança I. Porto, Luismar Marques. II.
Título.

16-00985   CDD-620.5

Índice para catálogo sistemático:
1. Nanotecnologia : Tecnologia 620.5

Nanossegurança

Guia de boas práticas em nanotecnologia para fabricação e laboratórios

Leandro Antunes Berti
Luismar Marques Porto

Austrália • Brasil • Japão • Coreia • México • Cingapura • Espanha • Reino Unido • Estados Unidos

Nanossegurança
Guia de boas práticas em nanotecnologia para fabricação e laboratórios

Leandro Antunes Berti
Luismar Marques Porto

Gerente editorial: Noelma Brocanelli

Editora de desenvolvimento: Salete Del Guerra

Editora de aquisição: Guacira Simonelli

Supervisora de produção gráfica: Fabiana Alencar Albuquerque

Especialista em direitos autorais: Jenis Oh

Copidesque: Sandra Scapin

Revisão: Isabel Ribeiro e Marileide Gomes

Diagramação: Crayon Editorial

Design de capa e ilustração: Alberto Mateus

© 2017 Cengage Learning Edições Ltda.

Todos os direitos reservados. Nenhuma parte deste livro poderá ser reproduzida, sejam quais forem os meios empregados, sem a permissão por escrito da Editora. Aos infratores aplicam-se as sanções previstas nos artigos 102, 104, 106, 107 da Lei no 9.610, de 19 de fevereiro de 1998.

Esta editora empenhou-se em contatar os responsáveis pelos direitos autorais de todas as imagens e de outros materiais utilizados neste livro. Se porventura for constatada a omissão involuntária na identificação de algum deles, dispomo-nos a efetuar, futuramente, os possíveis acertos.

A Editora não se responsabiliza pelo funcionamento dos links contidos neste livro que possam estar suspensos.

Para informações sobre nossos produtos, entre em contato pelo telefone **0800 11 19 39**

Para permissão de uso de material desta obra, envie pedido para **direitosautorais@cengage.com**

© 2017 Cengage Learning. Todos os direitos reservados.

ISBN 13: 978-85-221-2537-1
ISBN 10: 85-221-2537-6

Cengage Learning
Condomínio E-Business Park
Rua Werner Siemens, 111 – Prédio 11 – Torre A – Conjunto 12
Lapa de Baixo – CEP 05069-900 – São Paulo – SP
Tel.: (11) 3665-9900 Fax: 3665-9901
SAC: 0800 11 19 39

Para suas soluções de curso e aprendizado, visite
www.cengage.com.br

Impresso no Brasil
Printed in Brazil
1 2 3   16 15 14

Apresentação

Nanotecnologia não é uma indústria em seu próprio direito, mas uma tecnologia pervasiva, que se acomoda facilmente nas mais diversas áreas de negócio em razão do seu grande potencial inovador e revolucionário. Muitos esforços estão sendo realizados no mundo todo para definir seus padrões e limites, mas ainda não há um consenso. Esta obra inédita, portanto, surgiu da necessidade de empresas e pesquisadores que trabalham com nanotecnologia entenderem melhor como produzir nanomateriais e produtos de maneira responsável e gerenciável.

O texto contempla diretrizes gerais e recomendações sobre nanotoxicologia com base nos seguintes documentos: Guidence for industry – Safety of nanomaterials in cosmetic products;[1] Nanotechnology and life cycle assessment, A systems spproach to Nanotechnology and the environment;[2] Nano task force report;[3] Institute of occupational medicine (IOM) safenano;[4] Using nanomaterials at work;[5] GoodNanoGuide;[6] e Scientific committee on emerging and newly-identified health risks opinion on the appropriateness of the risk assessment methodology in accordance with the Technical guidance documents for new and existing substances for assessing the risks of nanomaterials.[7]

Este livro define de maneira clara o entendimento atual sobre nanossegurança (*Nanosafety*), ou seja, a segurança quanto ao acesso a nanomateriais durante todo o ciclo de uso e de produção de nanomateriais para o desenvolvimento de produtos para pesquisa acadêmica, bem como para indústrias, agentes de desenvolvimento e agências reguladoras. Pretende ainda auxiliar na identificação de potenciais problemas de segurança no uso, no manuseio, na manipulação e na produção de nanomateriais ou de produtos com nanomateriais, fornecendo um *framework* flexível para a avaliação de riscos usando a metodologia de controle por faixas.

As recomendações descritas neste livro não estabelecem responsabilidades legais. É importante ressaltar que a palavra "deve" é adotada aqui para referir-se a algo que está sendo sugerido, mas não necessariamente requerido ou imposto. Deste modo, este livro pretende também ser um guia para a formação de políticas públicas e de marcos regulatórios nos âmbitos de pesquisa, uso, produção e fabricação de nanomateriais em geral.

Como este livro está organizado

Este livro está organizado a fim de facilitar o entendimento sobre a segurança de nanomateriais, evidenciando o paradigma "Safety by Design" (segurança obtida pelo projeto).

No Capítulo 1, *Conceitos e definições*, explicaremos o que é nanotecnologia e nanotoxicidade com base em definições aceitas hoje como padrão mundial, com considerações científicas, regulatórias e a inadequação dos métodos atuais a respeito da avaliação toxicológica de nanomateriais. Na sequência, explanaremos sobre o conceito de igualdade para nanomateriais, com o intuito de criar uma linha base de comparação geral, como: caracterização dos nanomateriais, suas propriedades físicas, químicas e biológicas, e considerações sobre nanotoxicologia. No Capítulo 2, *Melhores práticas para a manufatura e a manipulação de nanomateriais*, detalharemos os conceitos das abordagens de produção de nanomateriais *top-down* e *botton-up*.

No Capítulo 3, *Como medir as propriedades de nanomateriais*, demonstraremos as técnicas e os equipamentos utilizados na obtenção de propriedades de nanomateriais.

No Capítulo 4, *Como caracterizar exposição e perigo*, discutiremos rotas de exposição, dosagem de referência e o modo como são avaliados os níveis de exposição ocupacional; explicaremos também como caracterizar o perigo, considerando-se os níveis de exposição ocupacional.

No Capítulo 5, *Como caracterizar risco*, explicaremos o que é equação de risco e como realizar uma análise completa de todo o ciclo de vida de nanomateriais – da matéria-prima ao descarte –, levando em conta o impacto ambiental.

De posse desses conhecimentos, concluiremos este livro com o Capítulo 6, *Como avaliar a segurança de nanomateriais*, no qual demonstraremos como avaliar a segurança de nanomateriais usando o algoritmo de controle por faixas a fim de reduzir a zero o grau de risco envolvido no uso, manuseio, manipulação e produção de nanomateriais, seja em ambiente laboratorial ou industrial.

No final de cada capítulo estão as *diretrizes e boas práticas* com um resumo geral do capítulo, trazendo as diretrizes básicas e recomendações adicionais para o leitor que estuda ou trabalha com nanotecnologia.

Agradecimentos

Agradeço imensamente pela oportunidade e apoio recebido do prof. Carlos Alberto Schneider, idealizador e principal gestor da Fundação CERTI, um líder e pessoa apaixonada pelo desenvolvimento pleno da Ciência, Tecnologia e Inovação no Brasil, em especial em Santa Catarina.

A toda a equipe do CMI, em especial ao Andre Luiz Meira de Oliveira, que colaboraram grandemente no desenvolvimento deste trabalho, em especial com a visão Metrológica e na Avalição da Conformidade.

Aos colegas de trabalho da CERTI, por todo o apoio recebido na elaboração deste livro, em especial a Sandra Mara Medeiros Mota, que auxiliou nas revisões e estruturação, e também aos membros do API.nano*, que incentivam e dão força ao desenvolvimento da Nanotecnologia, impulsionando seu crescimento em todo o Brasil. A Greice Keli Silva, por ter tratado e aperfeiçoado muitas das ilustrações que elaboramos para esta obra.

---

* API.nano é uma rede cooperada cujo principal objetivo é criar um ambiente de comunicação e de cooperação entre empresas e academia, respeitando particularidades, competências e interesses de maneira ética e organizada para a promoção do desenvolvimento de um competitivo setor econômico em nanotecnologia com inovação.

A todos os mestres e pesquisadores da área de nanotecnologia que de alguma forma colaboraram com a minha formação e interesse nesta área, principalmente ao prof. Arno Bollmann, pelo apoio inicial na concretização da presente obra.

A todos os envolvidos no projeto financiado pela Fapesc para auxiliar o desenvolvimento da nanotecnologia em Santa Catarina e no Brasil através do API.nano, que resultou na confecção deste guia.

A minha família, meus pais e amigos, em especial a minha esposa Fernanda, pelo amor e carinho, e por sempre me impulsionar a caminhar adiante independentemente da dificuldade encontrada, em especial neste momento, que será mãe, aguardando a vinda do nosso primeiro bebê.

Sumário

Prefácio XIII

Capítulo 1 Conceitos e definições 1
1.1 O que é nanotecnologia. 1
1.2 Nanotecnologia na natureza. 3
1.3 Orientações gerais. .12
1.4 Definição de igualdade 15
1.5 Caracterização de nanomateriais. 17
    1.5.1 Propriedades físico-químicas 18
        1.5.1.1 Medida do tamanho de partícula e distribuição 20
        1.5.1.2 Morfologia. 34
    1.5.2 Propriedades biológicas 37
        1.5.2.1 Biossorção *versus* bioacumulação. 37
        1.5.2.2 Bioatividade. 40
        1.5.2.3 Biopersistência 40
1.6 Considerações nanotoxicológicas 41
A – Diretrizes e boas práticas básicas 43

Capítulo 2 Melhores práticas para a manufatura
e a manipulação de nanomateriais. 47
2.1 Processo *top-down* 48
2.2 Processo *bottom-up* 50
    2.2.1 Processo em fase gasosa 50
    2.2.2 Processo em fase gasosa usando precursores sólidos. 51
    2.2.3 Processo em fase gasosa usando precursores
líquidos ou vapores 55
    2.2.4 Processo em fase líquida 60

B – Diretrizes e boas práticas básicas 67

Capítulo 3 Como medir as propriedades de nanomateriais 71
3.1 Microscopia eletrônica (ME) 72
3.2 Microscopia de força atômica (AFM) 77
3.3 Difusão dinâmica de luz (DLS) .79
3.4 Monitor de área de superfície de nanopartículas (MSAN) 83
3.5 Contador de partícula por condensação (CPC) 85
3.6 Analisador de mobilidade diferencial e escaneamento
de mobilidade e tamanho de partícula (SMPS) 87
3.7 Análise do rastreamento de nanopartículas 88
3.8 Difração por raios X (SRD) 91
3.9 Analisador de massa de partícula de aerossol (APM) 94
3.10 Método Brunauer, Emmett e Teller (BET) 95
3.11 Difusão por raios X de baixo ângulo (SAXS) 97
3.12 Espectroscopia de Raman (RAMAN) 100
C – Diretrizes e boas práticas para mensuração de propriedades
de nanomateriais 105

Capítulo 4 Como caracterizar exposição e perigo 113
4.1 Rotas de exposição 113
4.2 Captação e absorção 117
4.3 Dosagem de referência (RfD) 120
4.4 Limite de exposição ocupacional (OEL – *occupational
exposure limit*) 125
4.5 Caracterização de perigo de nanomateriais 133
4.6 Testes de toxicidade 138
D – Diretrizes e boas práticas básicas para caracterizar
exposição e perigo. 141

Capítulo 5 Como caracterizar risco 147
5.1 A equação do risco. 147

5.2 Avaliação de ciclo de vida do impacto ambiental de
nanomateriais – CEA 151
5.3 Análise de risco do ciclo de vida de nanomateriais –
Nano LCRA 155
E – Diretrizes e boas práticas básicas para caracterizar risco 160

Capítulo 6 Como avaliar a segurança de nanomateriais 165
6.1 Controle por faixas (*ISO Control Banding*) 165
   6.1.1 Coleta de informações 167
      6.1.1.1 Nivelamento do perigo 169
      6.1.1.2 Nivelamento da exposição 179
      6.1.1.3 Alocação das faixas de controle 186
      6.1.1.4 Validação do controle 187
6.2 Nivelamento do risco 188
F – Diretrizes e boas práticas para avaliação de segurança
de nanomateriais 195

Siglas 205
Referências 211
Sobre os autores 229
Índice remissivo 231
Créditos das imagens 241

Prefácio

Em 2001, no contexto do planejamento inicial do Sapiens Parque, em Florianópolis, a equipe CERTI posicionou a vertente de inovação com Nanotecnologias como uma das prioritárias deste megaempreendimento. Em iniciativa posterior, foi o programa catarinense Sinapse da Inovação que promoveu o surgimento das primeiras *start-ups* em nanotecnologias, particularmente, a partir dos Grupos de P&D da Universidade Federal de Santa Catarina.

Neste cenário evolutivo, estabeleceu-se, em 2011, o API.nano, Arranjo Promotor de Inovação em Nanotecnologia como um mecanismo estruturante do desenvolvimento empresarial com nanotecnologia no Brasil. Seu principal objetivo vem sendo se estabelecer como ambiente de comunicação e cooperação entre empresas, academia e agentes de desenvolvimento, respeitando particularidades, competências e interesses de maneira ética e organizada, na efetivação de um competitivo setor econômico com inovação.

Por ocasião do evento de instalação efetiva do API.nano, conheci o Dr. Leandro Berti, recém- chegado de Sheffield-Inglaterra, onde realizou seu doutorado, que demonstrou características precisas para ocupar o cargo de Secretário Executivo do API.nano, considerando todo seu conhecimento e paixão pelo avanço da Nanotecnologia. Desta dedicação decorre uma evolução expressiva do API.nano, sempre agregando novos membros e promovendo ações chaves para que todo o cluster cumpra seu papel de indutor do desenvolvimento.

Neste norte, efetiva-se, por meio desta publicação, informações básicas para consolidação de soluções seguras de produtos e processos com nanotecnologias, viabilizando o acesso de empresas e pesquisadores às informações necessárias ao trabalho diário com a Nanotecnologia, no intuito de entender melhor como produzir e manipular nanomateriais de forma responsável e gerenciável, com as boas práticas da Nanossegurança.

Prof. Carlos Alberto Schneider
Presidente do Conselho de Curadores da Fundação CERTI

Capítulo 1

Conceitos e definições

1.1 O que é nanotecnologia

Você sabe o que é nanotecnologia? Muito vem sendo divulgado recentemente sobre esta nova tecnologia tão interessante, mas, ao mesmo tempo, pouco se fala a respeito de sua origem ou de como as coisas nano funcionam e impactam a vida das pessoas no dia a dia. Talvez não surpreenda descobrir que a nanotecnologia não é algo novo, mas que sempre esteve presente em nossa vida, ligada intimamente ao funcionamento do nosso organismo e parte essencial do ferramental da natureza para criar toda a sua diversidade.

Existe uma grande expectativa de que a nanotecnologia criada pelo homem possa um dia resolver todos os nossos problemas. De fato, esse potencial existe, mas, primeiro, é preciso compreender melhor como trabalhar com essa ferramenta. Pesquisadores e empresários do mundo todo vêm realizando grandes esforços nesse sentido.

Um importante caminho para se ter uma melhor compreensão da nanotecnologia é a observação da natureza, descobrindo como suas máquinas funcionam – uma atitude que sempre fez a humanidade evoluir. Em geral, a nanotecnologia é apresentada como uma tecnologia que trabalha em dimensões menores que um fio de cabelo; na realidade, as nanoestruturas podem ter dimensões mil vezes menores que as de um glóbulo sanguíneo, um dos principais componentes do sangue. As nanoestruturas são tão pequenas, que somente podem ser observadas com o uso de microscópios especiais; além disso, os fenômenos dominantes nessa escala são de natureza subcelular e, portanto, não obedecem à física clássica que conhecemos.[8]

Nanoescala é o termo utilizado para descrever o ambiente em que encontramos as nanoestruturas, e nesse ambiente existe uma física completamente diferente, na qual os fenômenos dominantes são muito distintos daqueles como a inércia, que rege os movimentos em macroescala (escala humana).

O principal fenômeno natural que permeia a nanoescala está intrinsicamente relacionado a perturbações termais, é denominado "Movimento Browniano", que influencia mais que a gravidade. São forças fortes e contínuas que deslocam as nanopartículas continuamente sem parar, fazendo-as colidir entre si e com as moléculas do ambiente sem ter uma direção definida. Vale ressaltar que a grande maioria das nanoestruturas naturais está imersa em água, o que representa uma dificuldade a mais em seu funcionamento e em sua observação. Isso cria uma situação bastante complexa e desconfortável, pois as nanopartículas nunca conseguem parar de se movimentar; uma sala cheia de pessoas, e essa sala estivesse balançando constantemente e todos estivessem se esbarrando. Nessa situação, é quase impossível deslocar-se através da sala sem colidir com ao menos uma pessoa. Em razão dessa proximidade e constante colisão entre nanopartículas e moléculas, a inércia, que é a memória do movimento de um objeto, torna-se desprezível, pois, ao receber a primeira colisão, a nanopartícula esquecerá o caminho que estava seguindo. Outro resultado desse efeito é a viscosidade, que aumenta significativamente, dificultando ainda mais o deslocamento: é como nadar em um líquido com viscosidade de melado! Além disso, é lei geral da natureza que objetos pequenos tendem a se grudar fortemente, formando aglomerados/agregados em razão das forças de dispersão, como as van der Waals e o efeito Cassimir, o que pode comprometer o funcionamento da nanoestrutura projetada.[9] Porém, existem estratégias, como surfactantes, que mantêm as nanopartículas dispersas no fluido; são as chamadas soluções coloidais, como aplicadas em sabão ou detergentes.

Essa característica intrínseca do meio em nanoescala, seja em ar, em água ou em qualquer outro ambiente, dificulta o projeto de processos de produção de nanomateriais e, mais ainda, a caracterização, definição e determinação apropriada da toxicidade desses nanomateriais. Acredita-se que será preciso uma reformulação geral dos métodos toxicológicos para se avaliar nanomateriais, pois os vigentes atualmente dependem de características determinísticas e são fundamentados em processos contínuos, com comportamento newtoniano e teoria comprovada e bem definida para materiais fora da nanoescala. Além disso, os nanomateriais também são afetados pelas leis de forças de superfície, o que os faz se grudar uns aos outros quando as propriedades do material são semelhantes.[8]

1.2 Nanotecnologia na natureza

Podemos afirmar que a nanotecnologia é a engenharia da vida, pois as estruturas celulares são compostas e controladas por nanoestruturas. A principal forma de montagem molecular da nanoescala é a automontagem, um processo natural em que componentes separados ou ligados formam, espontaneamente, estruturas maiores. Os materiais de que se compõem as estruturas celulares, como proteínas, enzimas e até mesmo o próprio DNA, são elementos naturais automontados em tamanho nano. Uma tira de DNA humano, por exemplo, possui em média 2 nm de diâmetro e centenas de nanometro (nm) de comprimento.[8]

O citoesqueleto da estrutura celular humana é composto por redes de filamentos, que são basicamente três tipos de biopolímeros nanoestruturados: microfilamentos, filamentos intermediários e microtúbulos. Os microfilamentos, os menores filamentos existentes na célula, compõem-se de proteínas dinâmicas, chamadas actinas, que rapidamente podem ser formadas e desmontadas, têm diâmetro aproximado de 6 nm e exercem inúmeras funções, como contração, mobilidade, divisão e sinalização celular, além de manutenção das junções e do formato celular. Os microtúbulos, os maiores filamentos que irradiam do centrossoma, compõem-se de proteínas chamadas tubolina, formada por cilindros ocos de aproximadamente 25 nm de diâmetro e 15 nm de lúmen, e sua função é auxiliar na organização básica do citoplasma, incluindo o posicionamento das organelas. Já os filamentos intermediários são de tamanho médio, com aproximadamente 10 nm de diâmetro, compõem-se de diversos tipos de proteínas e sua função principal é reforçar mecanicamente os microtúbulos. No processo de divisão celular, a célula cria microtúbulos temporários, os quais se movimentam, formando dois polos, e, de maneira mecânica, dividem a célula, recortando literalmente o cromossomo em duas partes iguais, criando, assim, uma cópia idêntica do conteúdo genético em uma nova célula.[10]

Esses filamentos nanoestruturados são como as estruturas viárias das cidades, que criam as rotas pelas quais viajamos de uma cidade a outra e transportamos as cargas necessárias à manutenção da vida. Nessas rodovias intracelulares trafegam os nutrientes necessários à manutenção e sobrevivência das células e também as substâncias nocivas a serem descartadas. Mas, como os nutrientes são entregues ou as substâncias nocivas eliminadas? Ainda não é possível responder completamente a esta questão, mas já é sabido que o transporte de cargas (nutrientes e outras substâncias) é realizado por motores moleculares que se movimentam por meio da hidrólise de ATP, a energia da célula.

Existem três tipos de motores moleculares: miosinas, cinesinas, dineínas.

- **Miosinas:** são estruturas em forma de flecha, com 160 nm de comprimento e 14 a 19 nm de largura, que caminham com passos de 37 nm a uma velocidade de 0.40 μm/s; auxiliam na contração celular necessária à divisão celular, no movimento celular, no reposicionamento de organelas e até mesmo na contração muscular.
- **Cinesinas:** são estruturas em forma de flecha, com 70 nm de comprimento e 5 nm de largura, que realizam passos de 16 nm a uma velocidade de 0.3 a 0.9 μm/s; elas caminham sobre as rodovias intracelulares transportando cargas pesadas de substâncias de dentro para fora da célula e são vitais para o movimento de cromossomos, bem como para o arremesso de organelas (mitocôndrias, complexo de Golgi, vesículas) entre as células durante a divisão celular.
- **Dineínas:** são estruturas maiores, com 200 nm de diâmetro, que realizam passos de 12 a 24 nm a uma velocidade de 1 μm/s; também são responsáveis pelo transporte intracelular, mas realizam o movimento contrário ao da cinesina, ou seja, transportam cargas de fora para dentro da célula, em direção ao núcleo, até o retículo endoplasmático, estrutura que filtra as cargas que chegam ao núcleo da célula.[11, 12] Uma organela com essa velocidade é capaz de caminhar toda a extensão de uma célula em segundos – comparando-se a extensão da célula à de uma cidade como Florianópolis, seria necessário um avião para percorrê-la em tempo similar.

Há muitas outras máquinas moleculares, como o ribossomo, que tem de 25 a 30 nm de diâmetro e traduz a informação contida em uma fita de RNA mensageiro (mRNA) para a montagem de proteínas aminoácido-

-a-aminoácido.[13] Outra máquina é o lisossomo, com 50 a 70 nm de diâmetro, que responde pela digestão celular; trata-se de uma organela esférica envolvida por membrana que contém em torno de 50 tipos de enzimas que auxiliam na degradação de biopolímeros, como proteínas, DNA, RNA, carboidratos e lipídios. O lisossomo exerce também a função de reparação da membrana celular e de combate a agentes nocivos, como bactérias, viroses e outros antígenos.[14] Uma máquina bastante elusiva e pouco conhecida é a mitocôndria, que possui em torno de 1 μm de diâmetro e 2 μm de comprimento, contendo várias nanomáquinas em seu interior, como a bomba de próton, que bombeia prótons de hidrogênio necessários para a síntese de ATP, a energia celular. As mitocôndrias são as usinas elétricas da célula, pois convertem o alimento em energia que mantém a célula viva. Cada célula pode conter até 10 milhões de ribossomos, até mil lisossomos e até 2 mil mitocôndrias – todas são nanomáquinas com elevada eficiência energética, que realizam os mais variados trabalhos imersas em líquido, enfrentando elevada viscosidade e balançando sem parar em movimento browniano.[10]

Os nanorrobôs que aparecem em pesquisas na internet, via Google ou qualquer outro mecanismo de busca, estão, portanto, muito aquém do que uma verdadeira máquina molecular precisa ser para vencer em um ambiente tão agressivo. Os reais nanorrobôs são projetados com biopolímeros, têm consistência mole e articulações flexíveis, adaptáveis a ambientes molhados, muito parecidos com bactérias e vírus.[9] A realidade é o oposto do que encontramos em ilustrações, que se limitam a reproduzir miniaturas de robôs em macroescala. Recentemente, usando a técnica de nano-origami[15] – uma técnica de automontagem de estruturas de DNA com base na combinação e interação de pares de nucleotídeos –, pesquisadores criaram nanorrobôs programáveis, capazes de se locomover e de entregar medicamentos em células. Apesar de recente, esse avanço abre uma nova possibilidade para o tratamento de doenças sem o uso de medicamentos convencionais. A primeira geração de nanomedicinas/nanofármacos é o Abraxane,[16] um medicamento para o tratamento do câncer. O Abraxane é a formulação em nanoescala de outro medicamento anticâncer chamado Doxorrubicina, e sua formulação contém os ativos Caelyx ou Doxil encapsulados em lipossomas (nanocarreadores feitos de biocamadas de lipídio automontadas) e o Cimzia (certolizumab pegol), outro agente constituído de um anticorpo (proteína) anexado a uma molécula polimérica sintética. Por ser nanoencapsulado por moléculas de lipídio, esse medicamente tem seus efeitos colaterais reduzidos, além de contribuir para que o tratamento se concentre nos tecidos e regiões enfermas.

A nanotecnologia também exerce influência nas cores, como no caso do sangue, que é vermelho por causa da hemoglobina. A hemoglobina possui 5 nm de diâmetro e contém uma estrutura chamada heme, um tipo de molécula organometálica (porfirina) cujo centro metálico de ferro (Fe) captura as moléculas de oxigênio (O_2) que entram pelo pulmão, realizando a oxigenação sanguínea; então, o ferro se oxida, fornecendo a cor vermelha do sangue.[17] Cada célula sanguínea contém, em média, 280 milhões de hemoglobinas, e cada hemoglobina contém 4 hemes. Existem outras cores de sangue, como o sangue azul, encontrado em animais como caranguejo-ferradura, lulas, alguns moluscos e aranhas, que possuem a hemocianina de 35 nm de diâmetro com um composto organometálico com centro metálico de cobre. O sangue de minhocas, de minhocas marinhas e de alguns tipos de mariscos é transparente quando desoxigenado, e verde ou violeta quando oxigenado em razão de porfirinas similares, com outros arranjos e centros metálicos.[18] Cloroplastos são, surpreendentemente, similares a mitocôndrias, e neles são encontradas as clorofilas, estruturas moleculares similares à heme, da hemoglobina, que realizam a conversão de energia em plantas.[19] Pesquisas inspiradas na porfirina estão avançando para a criação de moléculas orgânicas capazes de ampliar a capacidade de células fotovoltaicas em até 40%.[20]

Pigmentos químicos similares podem ser encontrados também na coloração de plantas, alimentos e aves. Outra maneira de se obter cores é a coloração estrutural que depende dos relevos de estruturas nano que controlam a maneira como a luz é refletida, apresentando todo o espectro de cores. Um caso bem conhecido é a *Morpho rhetenor*, uma borboleta de cor azul ou verde metálico encontrada na Amazônia. Sua cor é formada por difração da luz nas escamas da asa, que contêm estruturas lamelares periódicas em forma de cumes e é formada por ramos de 50 nm a 400 nm que distam 100 nm uns dos outros, sendo cada cume separado por um espaço de 30 nm – são essas estruturas que refletem a luz repetidas vezes, permitindo passar somente o comprimento de onda azul ou verde.[21] Ovos de certos pássaros também apresentam coloração estrutural em razão da rugosidade de relevos nanométricos, que definem o nível de brilho da cor final.[22] Empresas estão estudando as propriedades fotônicas de nanoestruturas para criar roupas e cosméticos com cores reais, sem adição de pigmentos. Um grupo de pesquisadores da General Electric (GE) desenvolveu um novo sensor de baixo custo para câmeras térmicas, baseado nas nanoestruturas das asas da borboleta *Morpho rhetenor*.[23]

A cor varia de acordo com o tamanho da nanoestrutura, que funciona como um filtro de luz. O dióxido de titânio (TiO_2), por exemplo, é muito usado em alimentos, tintas, cosméticos, para equalização da colorização por apresentar uma cor branca intensa em tamanho micro. No entanto, sua formulação em tamanho nano é transparente e muito usada recentemente em revestimentos e protetores solares. Outro exemplo marcante do controle de cor em nanoescala é o ouro: em macroescala, ele é amarelo-escuro, e em nanoescala pode se apresentar na cor rubi.[24]

Animais que andam nas paredes e no teto possuem essa habilidade porque, na nanoescala, as forças adesivas de van der Waals são fracas. Esse mecanismo de adesão é utilizado também por insetos como aranhas, moscas, abelhas e besouros. No entanto, os lagartos são os animais mais pesados a usar adesão por van der Waals. Eles possuem estruturas lamelares adesivas e autolimpantes nos dedos, as quais são compostas de centenas de cerdas fios de cabelo (queratina) com 110 µm de comprimento e 5 µm de espessura, e dentro de cada cerda encontram-se centenas de espátulas com dimensões de 100 nm. A adesão à superfície ocorre quando as espátulas tocam inteiramente a superfície; então, a acumulação das interações de van der Waals na interface espátula-superfície gera força suficiente para que o animal possa carregar muitas vezes o próprio peso. Como essas forças são fracas, o lagarto só precisa mudar o ângulo de contato para caminhar e atingir velocidades superiores a 1 m/s. Importante ressaltar que as cerdas usam um sistema de adesão a seco, pois não secretam qualquer substância para gerar uma forte adesão à superfície. Todavia, o desempenho das espátulas é otimizado com o aumento da umidade na superfície em razão das forças capilares existentes entre a camada ultrafina de água e as espátulas, influenciando a força adesiva e propiciando maior segurança e equilíbrio para o animal.[25] Inspirados nesse mecanismo, pesquisadores alemães criaram, de forma pioneira, uma versão simplificada de cerdas adesivas: um adesivo artificial com dimensões de 20 cm × 20 cm é capaz de segurar o peso de um adulto e, ainda mais impressionante, o adesivo funciona até mesmo submergido em água.[26]

Superfícies especiais como as encontradas nas folhas da flor de lótus, que mantêm a flor limpa e repelem a água (super-hidrofobicidade), são também características nano que podem ser encontradas em vários outros elementos naturais.[27] A água tende a se espalhar, mas em superfícies hidrofóbicas isso não é possível em razão do relevo, que impede esse movimento; então, no intuito de economizar energia, a água se conforma em gotas, rolando para fora da superfície. Existe uma família de besouros que vive em um dos locais áridos do mundo, o deserto da Namíbia, na África, que usa essa técnica para coletar orvalho da névoa matinal. Eles são pequenos como a unha de um polegar, e possuem uma carapaça com várias estruturas periódicas hexagonais que formam vales e picos de 6 μm cobertos por uma cera de aproximadamente 15 nm de espessura, denominada élitro. As rugosidades da superfície aliadas à espessura da cera criam uma superfície com dupla função, pois os picos são hidrofílicos (gostam de água), enquanto os vales são hidrofóbicos (não gostam de água), permitindo que a água seja armazenada em gotas. A empresa norte-americana Namib Beetle Design Nanotechnologies (NBD) criou um revestimento artificial que utiliza nanopartículas de sílica em camadas, formando rugosidades e poros, similar ao encontrado na carapaça do besouro, e um de seus produtos será uma garrafa que se autoenche, revestida com o novo material, capaz de coletar até três litros de água por hora.[28,29]

Os primeiros homens a trabalhar com nanotecnologia e conseguir dispersar nanopartículas em solução foram os antigos egípcios. Eles inventaram a tinta nanquim, uma mistura de negro de fumo (fuligem) que tem dimensões nanométricas, com água e goma-arábica, esta funcionando como um surfactante, que, dispersando as nanopartículas de carbono na solução, confere a necessária fluidez da tinta para escrita.

O sabão é um dos melhores exemplos de automontagem encontrados fora da biologia. Há evidências de materiais como sabão encontrados em escavações na antiga Babilônia e em registros de egípcios e gregos que demonstram a formulação de sabão com gordura animal e óleo vegetal e seu uso para tratamento de doenças de pele e para higiene pessoal. Na realidade, a mistura de gordura com óleo em determinada proporção gera moléculas de sabão, que são nanoestruturas compostas de moléculas com cabeça hidrofílica e rabo hidrofóbico, que se auto-organizam formando uma micela. Quanto mais moléculas de sabão são adicionadas à solução mais as micelas se reconfiguram, formando lamelas, até chegar à formação de um bloco. É por isso que o sabão é tão escorregadio, pois as lamelas permanecem grudadas por forças muito fracas e suscetíveis a repentinas reorganizações estruturais na presença de água. Portanto, quando utilizamos sabão ou detergente para lavar as mãos, as lamelas se reorganizam, capturando/encapsulando a sujeira da superfície em micelas e rolando fora das mãos com a água corrente.[8]

O cimento e o concreto, que estão entre os materiais mais utilizados no mundo, são formados de óxidos (CaO, SiO_2, Al_2O_3, Fe_2O_3) que compõem 90% da crosta terrestre, mas isso não se deve às suas propriedades superiores em relação a outros materiais, e sim porque é um material de baixo custo financeiro e energético, disponível em qualquer lugar. Apesar de muito utilizado, ninguém sabe ainda ao certo qual a estrutura atômica do cimento nem como ocorre sua transformação de suspenção fluídica para um sólido rígido sem adição de energia externa. Nós assumimos que esse fenômeno é certo, que irá acontecer, mas o processo de hidratação do cimento é complexo, envolvendo várias reações químicas, e consiste de propriedades da nanoescala. O hidrato de silicato de cálcio (C-S-H), um elemento crítico na formação da pasta do cimento, é justamente o que confere sua força, durabilidade e qualidade. Mas foi recentemente, depois de mais de 50 anos de intensas pesquisas, que se descobriu que o cimento é formado de nanocristais de C-S-H com dimensões de 3.5 nm a 5 nm e nanoporos que, com adição de água, decrescem de 5 nm a 12 nm. Esse comportamento viscoelástico dificulta o estudo do comportamento do cimento e gera muita controvérsia, e mesmo com técnicas como a ressonância magnética nuclear (NMR) e microscópio de transmissão eletrônica (MET) não é possível determinar completamente a dinâmica do cimento. Empresas têm explorado a manipulação da formulação do cimento, adicionando-lhe nanoestruturas como dióxido de titânio (TioCem) e nanotubos de carbono. O aditivo nano de dióxido de titânio em cristais anátase é uma forma muito reativa, que possui propriedades fotocatalíticas (fotocatálise é um processo que utiliza radiação UV, normalmente obtida da luz solar, para iniciar uma reação de oxidação violenta que degrada moléculas orgânicas, como poluição de veículos e formação de biofilmes, como limo e fungos). Além de melhorar a qualidade do ar e sanitizar o ambiente, o nano dióxido de titânio, quando aplicado na superfície do material, forma uma superfície hidrofóbica que reduz a absorção de água, dificultando a proliferação de fungos e algas, principais responsáveis pelo escurecimento de construções.[30] No caso da adição de nanotubos de carbono, o material mais resistente e flexível do mundo criado pelo homem, a pesquisa tem o objetivo de melhorar as propriedades mecânicas do cimento, proporcionando-lhe reforço estrutural, redução de corrosão e de peso.[31]

É possível até mesmo encontrar nanoestruturas cimentícias de C-S-H em poeira espacial, que são substratos para a formação de gás hidrogênio (H_2) e muitas outras moléculas astrofísicas. A poeira espacial é formada de materiais muito abundantes no universo, como sílica, carbono, oxigênio, magnésio e cálcio. Estudos indicam que os grãos da poeira espacial variam em tamanho, desde 1.5 nm até centenas de micrômetros.[32]

1.3 Orientações gerais

A nanotecnologia é utilizada para desenvolver e produzir nanomateriais, permitindo que cientistas criem, explorem e manipulem materiais de dimensões nanométricas (1 $nm = 10_{-9m}$ – um bilionésimo de metro). Nanomateriais são usados em uma variedade de produtos, incluindo alguns já aprovados pela Food and Drug Administration (FDA), dos Estados Unidos, em razão de suas propriedades únicas, que trazem potenciais vantagens sobre produtos que não contêm nanotecnologia.[1] Esses materiais podem ter propriedades químicas, físicas e biológicas que diferem das daqueles em escalas maiores, como na micro e na macroescala. Portanto, é importante ressaltar que as propriedades do material manométrico podem mudar em razão do seu tamanho, formato, área superficial e outras características, modificando, muitas vezes, drasticamente o desempenho, a qualidade e a eficiência do material e do produto final.

O API.nano não adotou uma definição formal do termo "nanotecnologia", mas entende ser a engenharia de materiais na nanoescala, que, por sua vez, é entendida como a dimensão em que nanomateriais são influenciados na natureza. Existem diversas definições para nanotecnologia; segundo o *U.S. National Nanotechnology Initiative* (NNI): "nanotecnologia é o entendimento e o controle da matéria em dimensões de aproximadamente 100 nanometros, em que fenômenos únicos permitem o desenvolvimento de novas aplicações"(NNI, 2007). Uma definição alternativa descrita pela *American Society for Testing and Materials* (ASTM) diz: "nanotecnologia é um termo que se refere a um conjunto de tecnologias que medem, manipulam e incorporam materiais e/ou características em dimensões aproximadas de pelo menos 1 a 100 nanometros (nm)" (ASTM, 2007). Essas definições demonstram apenas um lado da nanotecnologia e a importância do tamanho; outros fatores, porém, costumam ser muito mais importantes para se descrever elementos na nanoescala, como formato, carga, superfície, volume, atividade e função, entre outras propriedades químicas, físicas e biológicas. Porém, por questão de segurança e de conformidade da indústria, a Agência Europeia de Produtos Químicos (ECHA – European Chemicals Agency) considera nano qualquer material que esteja entre 1 e 999 nm e em que pelo menos 50% dos componentes de sua estrutura micrométrica tenham dimensões entre 1 e 100 nm.

Um nanomaterial que não tenha atividade/funcionalidade ou que, na nanoescala, não apresente propriedades modificadas diferentes das de seu análogo na micro ou macroescala, não deve, de certa forma, ser considerado um produto da nanotecnologia. Teoricamente, por ser inerte, não oferece risco algum para quem o utiliza, manuseia, manipula ou produz.

Em julho de 2007, o FDA publicou um relatório da *Nanotechnology Task Force* (NTF), um grupo multidisciplinar do FDA para assuntos de nanotecnologia.[3] O documento apresenta um levantamento de considerações científicas e regulatórias relacionadas à segurança e à efetividade de produtos controlados pelo FDA que contenham nanomateriais, e ainda faz recomendações a respeito do que foi mapeado.

As recomendações do NTF incluem propostas para o FDA providenciar assistência aos produtores em casos em que o uso de nanomateriais necessite de informações adicionais, como a mudança do estado regulatório ou do processo, ou mesmo premiar aqueles que realizam passos adicionais ou especiais para ajudar a amenizar os problemas de segurança e de qualidade de nanomateriais.[3] O NTF destacou a necessidade de o FDA validar quão adequado são os métodos atuais de testes para a avaliação da segurança e de outras características relevantes de produtos, homologados por esse órgão governamental, que usam nanomateriais. Especialmente a respeito de produtos nanoparticulados utilizados em cosméticos, o NTF recomendou diretrizes para conter potenciais problemas, as quais descrevem o que deve ser considerado pelos produtores para garantir que cosméticos feitos com nanomateriais sejam seguros e não adulterados. Outra recomendação é a submissão de dados e de outras informações relevantes sobre os efeitos que tais nanomateriais causam em produtos inacabados que não possuam a devida autorização para a comercialização.

Em setembro de 2008, para concluir seu Guia de Diretrizes, o FDA promoveu uma audiência pública para discutir as orientações e considerações científicas/regulatórias sobre o uso de nanomateriais em cosméticos. Outras informações, além da opinião pública, foram levadas em consideração, como experiências da própria indústria de cosméticos por intermédio da *International Cooperation Cosmetics Regulations* (ICCR) e também de outras fontes de igual importância e autoridade regulatória e informativa sobre a segurança de nanomaterias.[1] Como descrito em seu Guia, quando um produto homologado pelo FDA contém nanomateriais ou, de alguma forma, envolve o uso de nanotecnologia, o FDA pergunta: (1) se o material desenvolvido ou produto final tem ao menos uma de suas partes com dimensão no intervalo da nanoescala (aproximadamente de 1 a 100 *nm*) ou (2) se o material desenvolvido ou produto final demonstra propriedades ou algum fenômeno físico, químico ou biológico que possam ser atribuídos à sua dimensão, mesmo que esta esteja fora da nanoescala, perto de 1 micrômetro.

A aplicação da nanotecnologia pode resultar novos atributos aos produtos, que diferem substancialmente dos atributos de produtos convencionalmente manufaturados e, portanto, merecem plena avaliação. No entanto, o FDA não considera categoricamente todos os produtos que contenham nanomateriais ou que envolvam a aplicação de nanotecnologia como intrinsecamente bons ou intrinsecamente prejudiciais. Para produtos derivados de nanotecnologia e produtos convencionalmente manufaturados, o FDA considera as características do produto acabado e a segurança relacionada ao seu propósito de uso.

A nanotoxicologia não define todo nanomaterial como tóxico; trata-se apenas de um termo utilizado para descrever o estudo e a avaliação do risco da toxicidade de nanomateriais. Não existe, todavia, uma toxicidade nano, mas tão somente a toxicidade de substâncias químicas; portanto, este é um tema de extrema importância que está movimentando várias instituições em todo o mundo para promover uma cultura de segurança para todos aqueles que usam ou estão interessados ou envolvidos com nanomateriais. No Brasil, por meio do Instituto Nacional de Metrologia, Qualidade e Tecnologia (Inmetro), existe uma rede nacional de nanotoxicologia denominada Nanotox. Essa rede conta com pesquisadores de várias áreas, todos empenhados no desenvolvimento dos marcos regulatórios e da análise de risco para a pesquisa e a indústria nacional. No entanto, apesar dos esforços nacionais e internacionais, ainda inexistem leis que regulamentem corretamente os nanomateriais, ou seja, com a devida abrangência científica e industrial, em razão da falta de estudos de toxicologia de longo prazo, métodos limitados de avaliação de nanomateriais, equipamento de proteção individual adequados e até mesmo desconhecimento dos princípios básicos dos fenômenos que permeiam a nanoescala. Mais recentemente, o Brasil também aderiu ao projeto internacional da União Europeia chamado NanoReg, cujo objetivo é fornecer a legisladores um conjunto de ferramentas para a avaliação do risco/decisão e a criação de instrumentos legais de curto e médio prazos por meio da avaliação de risco-piloto e coleta de dados, incluindo o monitoramento e controle de exposição de nanomaterias produzidos (NMPs) ou engineered nanomaterials (ENM).

As considerações sobre nanotecnologia expostas neste livro são consistentes com dados e informações de diversos documentos e guias oficiais para tecnologias emergentes e nanotecnologia em geral.

1.4 Definição de igualdade

Para se determinar as semelhanças e diferenças existentes entre o material em que se está trabalhando e aquele que apresenta informações de periculosidade, é importante obter toda e qualquer informação possível sobre as propriedades físicas, químicas e biológicas de ambos. Por essa razão, a igualdade deve ser avaliada com base na informação disponível no momento. É sugerido, então, que se defina um mínimo de informações referentes às características físicas, químicas e biológicas dos materiais para se estabelecer a igualdade. Relacionamos, a seguir, algumas características muito importantes para a avaliação do nível de periculosidade em nanomateriais:[5]

- Composição química e pureza.
- Distribuição de tamanho de partícula primária com indicação da quantidade de partículas menores que 100 nm.
- Outras distribuições de tamanho de partícula que representem possíveis aglomerações ou agregações.
- Funcionalização ou tratamento de superfície.
- Forma e/ou formato.
- Química e área de superfície.

Pesquisas futuras podem identificar outras características relevantes, capazes de contribuir para um melhor entendimento das propriedades de periculosidade dos nanomateriais. Quanto maior a diferença entre as características físicas, químicas e biológicas de um material que, na escala nano, tenha a mesma composição química de outro que seja maior, maior será o grau de incerteza para extrapolar as informações sobre periculosidade entre ambos. Portanto, é importante dispor de informações pertinentes sobre as características de determinado material para que se possam identificar dados de periculosidade desse mesmo material em tamanho nano. Se houver dados de periculosidade, mas estes não puderem ser propriamente definidos na escala nano, um estudo mais aprofundado deve ser feito antes de esse material ser utilizado em um produto final.

Não se deve tirar conclusões gerais a respeito do potencial de periculosidade de um nanomaterial a ser utilizado sem que se tenha informações adequadas sobre as suas características físicas (tamanho, forma, formato, estrutura cristalina, revestimento de superfície, reatividade de superfície etc.). É imprudente qualquer conclusão que se baseie em "outras" nanopartículas que tenham composição química semelhante, a menos que se disponha de bons dados toxicológicos confirmando que tal abordagem é apropriada. Precaução é a base para o gerenciamento de risco, principalmente em ocasiões em que não se tem certeza ou há falta de clareza das características toxicológicas, bem como evidênciais sobre o perigo de inalação, ingestão ou absorção do nanomaterial a ser utilizado.

As incertezas em avaliações científicas têm implicações para o gerenciamento de riscos potenciais; tanto, que ações regulatórias impostas hoje podem não ser efetivas para as preocupações que ainda irão surgir. Como os riscos da nanotecnologia devem ser gerenciados coerentemente, isso quer dizer que, mesmo se a regulamentação for implementada agora, esta será incompleta e estará rapidamente desatualizada. Porém, uma abordagem adaptativa, como o Nano LCRA,[33] ajuda a validar novas aprendizagens e a incluir mais detalhes de toxicidade de nanomateriais, a fim de dar mais proteção à saúde e ao ambiente, permitindo-nos aproveitar melhor os benefícios da nanotecnologia.

1.5 Caracterização de nanomateriais

Nanomateriais variam muito em composição, morfologia e outras características, não podendo, portanto, ser considerados um grupo uniforme de substâncias. Essas substâncias podem ter propriedades físicas, químicas ou biológicas diferentes das dos materiais em microescala ou macroescala, e essas diferenças podem incluir propriedades magnéticas, elétricas ou ópticas alteradas, integridade estrutural aumentada ou mesmo atividade química ou atividade biológica alterada.[34,35,36]

Como discutido pelo relatório do NTF,[3] estudos indicam que vários atributos de um material na nanoescala, incluindo proporção, área superficial/volume, morfologia, características de superfície e carga do material, podem afetar a distribuição deste no corpo humano e sua interação com sistemas biológicos. Por exemplo, há dados indicativos de que tanto lipossomas quanto nanoemulsões podem aumentar a incursão transdermal e a liberação tópica de substâncias.[37, 38] Esses nanomateriais podem modificar a biodisponibilidade e o comportamento tóxico de ingredientes dispersos, gerando preocupações de segurança.[7] Dependendo do uso, da aplicação e da exposição potenciais para cada tipo de nanomaterial, seus parâmetros físicos, químicos e biológicos devem ser observados e analisados de maneira apropriada.

1.5.1 Propriedades físico-químicas

Um entendimento completo dos detalhes envolvidos no processo de manufatura com nanomateriais pode identificar aditivos residuais e impurezas, bem como determinadas propriedades físicas e químicas. No entanto, o API.nano recomenda definir nanomateriais pelas seguintes informações:

- Nome do nanomaterial.
- Número CAS (*Chemical Abstracts Service*).
- Nome IUPAC (*International Union of Pure and Applied Chemistry*).
- Fórmula estrutural.
- Composição elementar, incluindo:
  - Grau de pureza.
  - Identificação de quaisquer impurezas ou aditivos.

Uma grande gama de propriedades físico-químicas deve ser avaliada para ajudar a determinar se uma dada substância produzida com nanotecnologia é segura para o uso proposto. A caracterização apropriada do nanomaterial deve conter:

- Medida do tamanho de partícula e distribuição.
- Características de agregação e aglomeração.
- Superfície química, incluindo:

CONCEITOS E DEFINIÇÕES **19**

- ⌐ Funcionalização, revestimento, modificação de superfície.
- ⌐ Área superficial específica, potencial zeta, carga de superfície.
- ⌐ Atividade catalítica.
- ⌐ Composição química.
- ⌐ Solubilidade.
- ⌐ Densidade.
- ⌐ Estabilidade.

- Morfologia, incluindo:
  - ⌐ Forma e/ou formato.
  - ⌐ Área superficial.
  - ⌐ Topologia da superfície.
  - ⌐ Cristalinidade.
  - ⌐ Porosidade.

A estabilidade da formulação e as condições de uso do nanomaterial a longo prazo também devem ser observadas com cuidado, pois nanomateriais podem aglomerar e agregar, e interagir com outros ingredientes da formulação.[39,40] Como em qualquer processo de produção química, a mudança do material-base usado para preparar a formulação provavelmente resultará diferentes impurezas no produto final; portanto, devem ser consideradas as variáveis como pureza alterada, concentração alterada do material-base ou mesmo mudanças na identidade do material. Um produtor de nanomateriais deve avaliar a quantidade e a qualidade dessas impurezas e o modo como afetam a segurança geral do produto final.

É importante também entender como o nanomaterial é manufaturado, porque impurezas na nanoescala podem surgir do processo de manufatura. Mudanças no processo de manufatura, incluindo o uso de solventes diferentes, condições de tempo e/ou temperatura, mudança dos produtos químicos iniciadores (materiais-base alternativos, níveis diferentes de impurezas ou concentrações químicas diferentes usadas no processo) podem mudar os tipos e/ou quantidades de impurezas no produto final. Agentes adicionais, como dispersantes e modificadores de superfície, são comumente utilizados na manufatura de nanomateriais, e a incorporação desses agentes adicionais e impurezas deve ser considerada na segurança, na produção e no manuseio desses nanomateriais.

1.5.1.1 Medida do tamanho de partícula e distribuição

Ainda não há evidência clara de que mudanças relacionadas a dimensões de partículas possam modificar propriedades de periculosidade de nanomateriais, mas é sabido que partículas inferiores a 20 - 30 nm são termodinamicamente menos estáveis e capazes de promover mudanças drásticas em sua estrutura cristalina se comparadas a partículas maiores com a mesma composição química, e essas mudanças influenciarão o modo como partículas muito pequenas interagem com o meio ambiente e o biológico.

A dimensão máxima admitida para se considerar bioatividade é de 100 nm, pois os efeitos biológicos da nanoescala ocorrem na faixa de 1 nm - 100 nm, sendo questionável ainda a biorreatividade e biointeração de partículas acima de 100 nm. Partículas maiores de 100 nm podem ser muito grandes para interagir biologicamente; portanto, o efeito tóxico dessas partículas ainda é um campo a ser estudado. Este conceito de dimensão garante a consistência que tem sido utilizada em todo o mundo para se definir a nanotecnologia; contudo, não se deve automaticamente assumir que partículas maiores que 100 nm sejam isentas de periculosidade, e que as abaixo de 100 nm extremante perigosas. Estudos mais detalhados, e realizados com a devida cautela, devem ser considerados para se definir o que pode ser perigoso e o que não apresenta nenhum perigo para a saúde humana. Existe uma enorme variação no potencial de perigo de nanopartículas, assim como já existe uma enorme variação no potencial de perigo de outras substâncias químicas conhecidas pelo homem.

Existem várias técnicas para a detecção, quantificação e caracterização de nanomateriais. Não existe, porém, um método padrão que

CONCEITOS E DEFINIÇÕES **21**

possa ser considerado a "melhor" opção, mas há aqueles que podem ser escolhidos para equilibrar a restrição do tipo de amostra, as informações exigidas, as limitações de tempo e o custo da análise. Uma determinada técnica pode simplesmente detectar a presença de nanopartículas, enquanto outras, dar a quantidade, a distribuição do tamanho ou área de superfície das nanopartículas. Essas técnicas de medição diferem das de caracterização para avaliar a composição química de uma amostra de nanopartícula, as reações de superfície das nanopartículas ou mesmo as interações com outras espécies químicas presentes na amostra. Há também uma divisão entre as técnicas que fornecem informações sobre uma quantidade de nanopartículas e aquelas que informam sobre uma única nanopartícula dentro da amostra. Às vezes, as técnicas de medição são combinadas para fornecer mais informações de uma amostra.

Diferentes técnicas atendem diferentes tipos de amostra; algumas, por exemplo, exigem que a amostra esteja em forma de aerossol, enquanto outras podem utilizar uma amostra em forma de suspensão ou líquido, e outras, ainda, exigir que se siga um protocolo específico para a coleta da amostra a ser analisada. Há técnicas de medições *in situ* de amostras, e outras que exigem o tratamento da amostra antes da análise, podendo ocorrer de as amostras não suportarem o tratamento necessário e se decompor ou reagir quimicamente. A quantidade de amostra necessária também pode variar, restringindo a escolha da técnica.

Em muitas situações, as informações e precisões diferem para cada técnica. A União Europeia vem capitaneando, em conjunto com países do todo o mundo, o esforço para padronizar a forma como as nanopartículas são medidas, a fim de avaliar a exposição ocupacional e os riscos para a saúde do ambiente. Pequenas variações em uma técnica podem gerar resultados novos, como medição de aerossóis, em que analisadores de mobilidade ou analisadores elétricos, quando combinados com outros instrumentos, podem gerar técnicas diferentes de mensuração, ou mesmo no caso do VideoAFM,[41] desenvolvido na Universidade de Sheffield,

Inglaterra, em que uma simples modificação do AFM convencional (modificado com um ressonador em forma de garfo de relógio de pulso) permitiu a movimentação da amostra em 2D, possibilitando pela primeira vez a captura de vídeo em nanoescala.

Todas as técnicas têm custos, independentemente de se optar pela contratação de uma empresa para a realização da análise ou pela compra de um equipamento para tal fim. A informação econômica também deve ser considerada uma restrição para a escolha da "melhor" técnica para a avaliação do nanomaterial, pois existem os custos de calibração e de manutenção, além dos insumos essenciais para manter a operação e a precisão do equipamento, o que pode ser proibitivo, dependendo da aplicação desejada. No entanto, as técnicas de medição estão em constante evolução graças ao avanço da pesquisa no campo da caracterização em nanoescala. Na Tabela 1.1, a seguir, apresentamos as técnicas mais comuns.

Tabela 1.1 Técnicas mais comuns para a caracterização de nanomateriais.[42]

Técnica	Amostra	Sensibilidade	Observações
Microscópio eletrônico de transmissão (MET/TEM)	< 1 µg deve ser preparado em formato de filme fino estável sob feixe de elétrons e em alto vácuo.	≤ 1 nm	Versões modificadas do MET provêm mais informações, como o microscópio eletrônico de varredura por transmissão (STEM), a microscopia eletrônica de transmissão de alta resolução (HRTEM) ou as medições *in-situ* com o MET Ambiental (E-TEM).
Microscópio eletrônico de varredura (MEV/SEM)	Amostra deve ser condutiva ou revestida por borrifação; é mais fácil de preparar do que amostras de MET.	≤ 1 nm	Pode ser utilizado *in situ*, como no E-TEM.
Microscópio de força atômica (AFM)	Amostras devem ser rígidas, dispersas e aderir a um substrato adequado; pode ser usado em atmosfera de ar ou em meio líquido.	1 nm a 8 µm	É uma forma de microscopia de varredura por sonda (SPM). Custo e tempo menores que o necessário para o SEM e o TEM.

Técnica	Amostra	Sensibilidade	Observações
Difusão dinâmica de luz (DLS) ou Espectroscopia por correlação de fótons (PCS)	Amostras devem ser uma suspensão bem diluída.	1 nm a 10 µm	Baseada na técnica de difusão dinâmica de luz, aplicada para altas concentrações opacas informando o tamanho e a estabilidade de nanopartícula.
Monitor de área de superfície de nanopartícula (NSAM)	Aerossol, concentrações de 0 a 10000µm²/cm³, temperatura 10 – 35 °C.	≤ 10 nm	Similar ao detector elétrico de aerossol (EAD).
Contador de partícula por condensação (CPC)	Aerossol, concentrações de 0 a 100,000 partículas/cm³, pode ser medido em fluxo de fluidos, em altas temperaturas até 200 °C.	2,5 nm a 3 µm	Pode ser usado em fluxos de fluidos. Possui modelos de equipamentos portáteis.
Analisador de mobilidade diferencial (DMA)	Aerossol.	≤ 3 nm	Pode ser utilizado com outras técnicas para criar DMPS (analisador de mobilidade diferencial de tamanho de partícula) ou Tandem DMA.
Escaneamento de mobilidade e tamanho de partícula (SMPS)	Aerossol, pode ser usado em concentração de 1 milhão a 2,4 milhões de partículas/cm³.	3 nm a 1 µm	Usa um classificador eletroestático e um CPC ou DMA.
Análise do rastreamento de partículas (NTA)	Suspensão de 500µl, temperatura de 5 a 50 °C.	10 nm a 2 µm	Usado com DLS/PCS Pode ser usado com uma gama grande de solventes.
Difração por Raios-X (XRD)	> 1 mg de amostra cristalina em pó.	≤ 1 nm	Pode identificar cristais individuais.
Analisador de massa de partícula de aerossol (APM)	Amostra de aerossol com densidade de partículas de aproximadamente 1g/cm³.	30 nm a 580 nm	Somente informa a massa, mas não é dependente do tamanho nem do formato da partícula.

Existem diferentes medidas de nanopartículas, e ainda não há um consenso sobre qual parâmetro de medição está mais relacionado com o risco que determinado tipo de nanopartícula pode apresentar. O *Health and Safety Executive* (HSE-UK), órgão responsável pela saúde e segurança ocupacional da Inglaterra, sugere verificar a massa, o número e a área de superfície para se ter mais informação antes de tomar a decisão quanto ao potencial dos efeitos adversos de alguns nanomateriais.[5] Como se pode observar, a precisão técnica varia bastante; portanto, nem sempre é possível determinar um valor de comparação para a mesma amostra por meio de técnicas diferentes.

Na Figura 1.1, a seguir, que exemplifica a análise de uma imagem de MET com nanopartículas de ouro em conjunto com a análise de distribuição de tamanho de partículas, o histograma demonstra que, pela análise, o tamanho aproximado da grande maioria das partículas é de 2.1 nm, com erro de medição de 0.2 nm.

Figura 1.1 Imagem MET de nanopartículas de ouro (Au) com o histograma da distribuição de tamanho das partículas.[43]

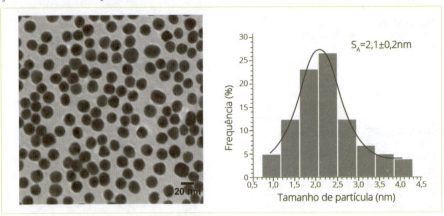

Em razão de todas essas dificuldades, o API.nano pretende seguir as terminologias e definições atualmente estabelecidas e aceitas pela comunidade científica e empresários no mundo todo, quais sejam:

- Nanoestruturas
  Estruturas na escala nanométrica nas dimensões entre 1 e 100 nanometros para materiais projetados em laboratório. A medida aceita comumente para nanoestruturas com aplicação biológica é de 1 a

500 nm, se 50% da amostra estiverem entre 1 e 100 nm. As nanoestruturas são divididas em:

- Estruturas 0D, que possuem todas as dimensões na nanoescala: nanopartículas, nanocubos e pontos quânticos.
- Estruturas 1D, em que uma das medidas se encontra em nanoescala: nanofios, fios quânticos, nanobastões e nanotubos.
- Estruturas 2D, em que duas medidas estão na nanoescala: filmes finos, grafeno e superlattices (mistura de polímeros).
- Estruturas 3D, em que todas as dimensões estão acima de 100 nm, mas formando um conjunto estruturas 1D ou 2D: massas nanocristalinas e nanocompósitos.

- Aglomerados

Conjunto de partículas fracamente ligadas de agregados ou misturas de ambos que resultem uma área da superfície externa similar à soma das áreas das superfícies dos componentes individuais.

- Agregados

Partículas obtidas a partir de ligações fortes ou fusões de outras partículas, em que a superfície externa pode ser significativamente menor que a soma das áreas da superfície dos componentes individuais.

- NOAA (*nanoobjects aggregate and agglomerate* – nano-objetos agregados e aglomerados)

Categoria que compõe nanomateriais e seus agregados e aglomerados superiores a 100 nm. O termo "NOAA" é aplicável a componentes em sua forma original, incorporados a materiais ou soluções dos quais possam se desprender durante seu ciclo de vida, incluindo o processo final de descarte.

Para melhor orientar os pesquisadores e empresários quanto à dimensão de tamanho de nanomateriais, o API.nano estabeleceu um sistema classificação que leva em consideração faixas de tamanho bem definidas, respeitando a terminologia internacional vigente, como se vê na Tabela 1.2 a seguir.

Tabela 1.2 Sistema de classificação de nanomateriais.

A. 0<d≤100 nm → Nanomateriais naturais (NN)/Nanomateriais projetados (NMP ou ENM)	Nanomateriais
B. 100<d≤500 nm → NN, NMP ou ENM, NOAA	
C. 500<d<1000 nm → NOAA	
D. d>1000 nm → Microestruturas	

Características de aglomeração e agregação

Nanopartículas tendem a ser muito grudentas, em razão das forças superficiais inerentes ao material da partícula e à sua natureza. Quando lançadas no ambiente, essas partículas primárias podem ser ligadas por forças fracas ou fortes, que, em quase todas as situações, rapidamente formam aglomerados ou agregados, respectivamente, formando assim uma partícula secundária muito maior que uma nanopartícula. O tamanho desses aglomerados ou agregados pode influenciar seu tempo de residência no ambiente de trabalho e reduzir o potencial de esse nanomaterial ser inalado.[44] O comportamento da aglomeração ou agregação de nanomateriais é altamente influenciado pelo ambiente externo, por exemplo, ar do ambiente de trabalho, meio de dispersão etc. Portanto, é útil entender o comportamento da agregação e/ou aglomeração no ambiente para o qual está se fazendo avaliação de risco.

Aglomerados e/ou agregados de nanopartículas não são necessariamente estáveis, e, em contato com o meio externo, como transições do ar no ambiente de trabalho para o ar inalado, o estado de agregação e/ou aglomeração pode mudar. Embora um nanomaterial esteja presente comparativamente em grandes aglomerados e/ou agregados no ar do ambiente de trabalho, existe então o potencial de vir a se desaglomerar e/ou desagregar dentro do trato respiratório, permitindo que partículas primárias menores penetrem profundamente nos pulmões. Por esta razão, mesmo que o estado de agregação e/ou aglomeração possa reduzir o potencial de inalação do nanomaterial, deve-se assumir que nanomateriais estão presentes no ar do ambiente como grandes aglomerados e/ou agregados e podem ser inalados. Uma suposição cautelosa é que qualquer nanomaterial inalado tem o potencial de penetrar profundamente nos pulmões.

Superfície química

Este é um termo abrangente e não específico, pois inclui elementos de equilíbrio, de solubilidade, propriedades catalíticas, carga de superfície, absorção e dessorção de moléculas em solução. Essas propriedades são funções da composição atômica ou molecular e da estrutura física da superfície. Pureza química, funcionalização e revestimento de superfície são também aspectos importantes que podem afetar a química de superfície. Foi descoberto que a modificação de superfície pode ampliar ou reduzir o potencial tóxico de NTCs e TiO_2 (dióxido de titânio) de acordo com o tipo de modificação empregada. Com base nas informações atuais, é difícil prever o efeito que a modificação da superfície pode causar em relação aos perigos apresentados. Porém, a funcionalização e a modificação da superfície são questões importantes a serem consideradas quando se está decidindo se certa informação disponível sobre periculosidade é relevante ao material em estudo. Estudos recentes indicam que a mudança da superfície química de um nanomaterial pode ser benéfica e até mesmo ter o potencial de excluir todo e qualquer efeito tóxico, como no cobrimento de nanopartículas de ouro com DNA, que age como uma técnica de camuflagem (*stealth*) para a entrega de medicamentos no organismo sem afetar o funcionamento normal das células.[45]

Volume de área superficial específica (SSA)

O volume de área superficial específica de uma partícula pode determinar sua reatividade com o meio. Atualmente, utilizam-se dois critérios para definir um nanomaterial. A primeira definição baseia-se no critério do tamanho da partícula: um material que contém 50% de partículas com pelo menos uma das dimensões externas entre 1 e 100 nm. A segunda segue um critério mais quantitativo, estabelecendo que um nanomaterial precisa ter um VSSA (*volume-specific surface area*) maior que 60 m^2/cm^3. Esse valor é derivado de uma esfera perfeita com 100 nm de diâmetro. Tal critério, porém, não pode ser usado para que um material seja desqualificado como nanomaterial. Importante ressaltar que para essa estimativa de VSSA não existe um limite máximo, o que corresponde a uma esfera perfeita de 1 nm.

Há muitos materiais com tamanho de partículas maiores que 100 nm e que possuem área superficial específica maiores que 60 m^2/cm^3, como materiais microporosos. Em casos de materiais recobertos por uma camada porosa ou não densa, esta relação entre tamanho de partícula e área superficial é perdida, de modo que não podemos considerar somente esta medida.

Carga de superfície

A carga de superfície de uma partícula pode influenciar a absorção de íons e de contaminantes, bem como a interação da partícula com biomoléculas, a captação em células (fagocitose) e o modo como as células reagem quando expostas à partícula. O potencial zeta de uma partícula é a medida de sua carga de superfície. Pesquisas recentes identificaram que certas nanopartículas de metais e de óxidos de metais consideradas inflamogênicas também possuem um potencial zeta elevado, o que sugere que este parâmetro pode ser útil para predizer alguns tipos de efeitos toxicológicos. Outras pesquisas devem ser feitas para se entender completamente a relação entre o potencial zeta e o efeito toxicológico, porém seria útil obter mais informação desta propriedade para que se possa utilizá-la como parâmetro de avaliação de risco.

Composição química

É sabido que alguns elementos são identificados como carcinogênicos, mutagênicos e reprodutivos (coletivamente chamados de CMRs) ou têm potencial de causar asma. É ponderável assumir que uma nanopartícula que contenha elementos com tais propriedades perigosas possa ela também ter este potencial de perigo.

A presença de metais reativos é conhecida por ser responsável pela toxicidade de misturas particuladas complexas, como fumaça de soldagem. Um nanomaterial que contenha uma proporção significativa desses materiais, como grandes quantidades de resíduos catalíticos em NTCs, pode causar grandes danos à saúde; portanto, é preciso encontrar um material semelhante com nenhuma ou pouca quantidade de elementos reativos do tipo CMRs.

Solubilidade

Alguns dos efeitos adversos que a exposição a nanomateriais perigosos pode provocar são decorrentes do resultado da solubilização destes. Foi encontrado que a solubilidade do nanomaterial pode ser diferente da solubilidade conhecida de partículas maiores da mesma substância. Por exemplo, nanopartículas de prata tendem a liberar mais íons de prata na solução em comparação com partículas de prata maiores. Se a dissolução leva à liberação de componentes reativos e citotóxicos, e estes são liberados mais facilmente por nanopartículas do que por partículas maiores, então a relação dosagem-resposta para partículas grandes pode subestimar a dosagem-resposta para o formato nano. Nanomateriais com baixa solubilidade apresentam alta probabilidade de escapar da solução e de serem carregados pelo ar, podendo facilmente ser inalados e impregnar-se no tecido pulmonar. Em alguns casos, por exemplo, para a remoção de partículas dos pulmões em que os componentes reativos ou citotóxicos não sejam liberados, uma dissolução melhorada acelera a taxa que a partícula nano expurga do tecido pulmonar – nesse caso, uma nanopartícula pode ter um nível de periculosidade menor se comparado ao efeito causado por uma partícula maior.

Então, para ajudar a identificar as partes do corpo que podem ser afetadas com a exposição a esses nanomateriais, é útil considerar as informações das propriedades toxicológicas de formas iônicas dos elementos que estiverem presentes em nanomateriais. Não é apropriado, no entanto, extrapolar a relação dosagem-resposta nem os níveis de inatividade que tiverem sido obtidos em estudos das partículas de dimensões maiores com a toxicidade de nanopartículas, mesmo que a evidência científica demonstre que, no caso, a extrapolação seja válida.

Atividade catalítica

Catálise é um processo químico que acontece por meio da adição de substância (catalisador) que baixa a barreira energética de ativação dos reagentes e acelera a ocorrência de reações químicas. É considerada um caminho alternativo para encorajar a realização de reações químicas, importante para a indústria atual e muito mais para os seres vivos, pois as enzimas são os catalisadores da grande maioria dos processos bioquímicos.

Com a diminuição do tamanho de partícula, uma maior proporção dos átomos é encontrada na superfície, ou seja, a nanopartícula apresenta maior área de contato. Por exemplo, uma partícula de 30 nm tem 5% de seus átomos em sua superfície, enquanto em partículas menores, com 10 nm e com 3 nm, o percentual de átomos na superfície é de 20% e de 50%, respectivamente. Assim, as nanopartículas têm uma área de superfície muito maior por unidade de massa em comparação com as partículas maiores. Como as reações químicas catalíticas ocorrem na superfície, isto significa que determinada massa de material em forma de nanopartículas será muito mais reativa do que a mesma massa de material constituído por partículas maiores; além disso, a funcionalização do material pode determinar seu potencial catalítico. Conversão de petróleo, carvão e gás natural para combustível e matéria-prima química, a produção de uma variedade de petroquímicos e químicos e controle de emissão de CO_x, hidrocarbonetos e NO_x, todos contam com tecnologias catalíticas (Figura 1.2).

Tecnologias catalíticas são fundamentais para o setor de energia, processos químicos e indústrias ambientais, tanto no presente quanto no futuro. Catalisadores modernos consistem de nanoestruturas ativas, cuidadosamente preparadas com poros nanométricos ou características

Figura 1.2 Exemplo de atividade catalítica; no caso, a fotocatálise de nano TiO$_2$ para remoção de poluentes do ar[46].

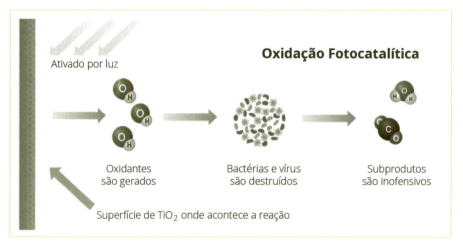

estruturais diferenciadas. Atualmente, um dos objetivos da pesquisa sobre catálise é entender de que maneira a diminuição do tamanho de partículas catalíticas altera o desempenho catalítico intrínseco, além de simplesmente expandir a área de superfície. A meta principal é aprender a projetar e preparar catalisadores com tamanho e estruturas mais eficazes.[47]

Densidade

Densidade é uma propriedade física conhecida por ser independente do tamanho do material em microescala e em macroescala; em geral, pode variar alterando-se a pressão ou a temperatura. Em nanoescala, porém, a densidade é dependente do tamanho da nanoestrutura, sendo previsto que aumente com a diminuição do tamanho da nanopartícula, podendo também diminuir no caso da redução de materiais nanoestruturados, como foi observado em nanofilmes de ouro (Au), cobre (Cu) e cromo (Cr) depositados em MgO (dependente do substrato utilizado), que demonstraram valores mais baixos em relação aos materiais mássicos respectivos.[48] A densidade em nanoescala depende, principalmente, do parâmetro de retículo cristalino e não da contribuição da energia coesiva, e tanto o aumento quanto a diminuição da densidade podem ser abordados pela variação do parâmetro do retículo cristalino de cada nanomaterial. No entanto, mais estudos são necessários para se definir uma teoria exata sobre o cálculo da densidade de nanoestruturas, como ilustrado na diferença de medições obtidas em relação ao cálculo analítico que se vê na Figura 1.3, a seguir.

Figura 1.3 Cálculo e dados experimentais da densidade mostrando a dependência com tamanho de nanofilmes de ouro (Au) em espessuras diferentes. A diferença entre o experimento e a teoria deve-se ao tipo de substrato utilizado.[48]

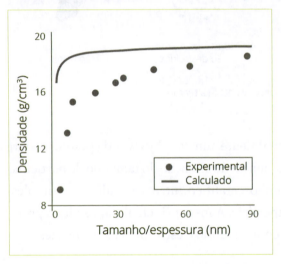

Estabilidade

Nanoestruturas são caracterizadas por grandes áreas de superfície específicas em comparação com seus materiais homólogos mássicos. A alta fração de átomos menores que residem na superfície resulta em uma atividade e/ou reatividade superior. Portanto, na síntese e/ou uso de nanopartículas por métodos químicos por via úmida (água, soro, *in vivo*), a estabilização da solução coloidal é um fator-chave contra a agregação ou a aglomeração de nanoestruturas. De acordo com a teoria Derjaguin-Landau-Verwey-Overbeek (DLVO), que depende do potencial zeta, a estabilidade do coloide é determinada pelo equilíbrio de forças de atração de van der Waals com as forças repulsivas elétricas de dupla camada. Se as forças atrativas dominarem, então as partículas tendem a se agregar.

Quanto maior for o potencial zeta, mais a forte será a repulsão e, portanto, mais estável será o sistema. Por exemplo, um elevado potencial zeta de gotículas de gordura no leite previne coalescência da solução; reduzindo-se o potencial zeta pela adição de ácido, temos a formação de queijo a partir da coalescência das gotas.

O controle da interação interpartículas, portanto, ajustando-as às forças atrativas e repulsivas, é essencial para a obtenção de coloides estáveis. A repulsão eletrostática depende da carga de superfície das nanopartículas e da carga do líquido, que pode ser ajustado com a modificação do pH do meio e da concentração de íons na solução, como se vê na Figura 1.4, a seguir. Além da estabilização eletrostática, a estabilização estérica (superposição) é obtida com a presença de polímeros ou de grupos orgânicos volumosos na superfície em que o contato entre as partículas é fisicamente inibido, isto é, em que as dimensões da superfície da nanoestrutura utilizada é tal que a distância entre as partículas é maior que o intervalo no qual a força de van der Waals é eficaz, levando à formação de coloides estáveis.[49]

Figura 1.4 Esquema do funcionamento da teoria de Derjaguin-Landau-Verwey-Overbeek (DVLO) e Potencial Zeta.[49]

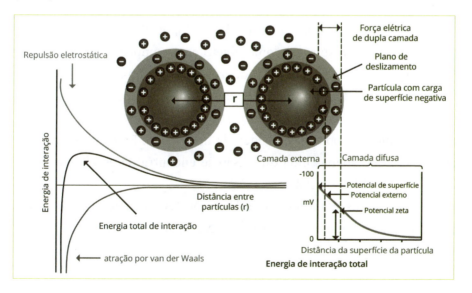

Outro fator de estabilidade relaciona-se à capacidade de os nanomateriais serem quimicamente estáveis, ou seja, de sofrerem mudanças de temperatura e/ou pressão e de pH, até mesmo ataque de enzimas, e continuarem íntegros, sem se degradar, conseguindo realizar a tarefa para a qual foram projetados. No caso da nanomedicina, o desafio é projetar nanopartículas que sobrevivam ao ambiente do corpo humano, protegendo o conteúdo carreado (drogas/agente) ou impedindo a nanopartícula de causar efeitos tóxicos quando administrada e ainda permitindo que a carga seja liberada no local desejado.

1.5.1.2 Morfologia

Forma e/ou formato

Há evidências de que o formato ou a forma do nanomaterial pode influenciar sua toxicidade, o que tem sido demonstrado de maneira coerente em determinados materiais com grande proporção de aspecto (HARN – *high aspect ratio nanomaterials*).[50] Uma grande razão de aspecto significa que, das três dimensões de uma partícula, uma ou duas é muito menor que as outras. Fibras são um exemplo clássico de objetos HARN.

A Organização Mundial da Saúde (OMS, ou WHO na sigla em inglês) define fibra respirável como objeto com comprimento maior que 5 μm, largura maior que 3 μm e proporção entre comprimento e largura (razão de aspecto) maior que 3:1. Quando qualquer uma dessas dimensões estiver em nanoescala, uma partícula que tiver razão de aspecto maior do que 3:1 pode ser considerada um HARN. Estruturas tipo plaquetas, em que apenas uma dimensão se encontra na escala nano, são consideradas objetos HARN.

Nem todos os nanotubos de carbono (NTCs) são objetos HARN, mas há evidências de que certas classes de NTCs são, de fato, consideradas HARN,[51] e suas principais características são:

- Diâmetro mais fino que 3 μm.
- Comprimento mais longo que 10 μm a 20 μm.
- Ser biopersistentes.
- Não se dissolver e/ou quebrar em fibras menores.

Esses NTCs podem ficar retidos dentro dos espaços ao redor do tecido pulmonar (cavidade pleural) por longos períodos.

É sabido que as fibras longas que ficam retidas na cavidade pleural podem causar inflamação persistente, podendo acarretar doenças como câncer de pulmão. Diante disso, organizações de segurança e saúde alertam e aconselham que se utilize um método de gerenciamento de risco cauteloso, principalmente para trabalhadores que possam ser expostos por inalação de nanomateriais com tais características. Caso não se tenha certeza da periculosidade das propriedades de um nanomaterial que estiver sendo utilizado, medidas de controle mais cautelosas para prevenir exposição desnecessária devem ser seguidas.

As evidências de que objetos HARN são nocivos estão crescendo em favor das características físicas de NTCs aqui apresentadas, pois ainda não existe nada que prove o contrário. Alguns NTCs existem em forma de fibras longas e possuem caraterísticas similares às de objetos HARN, mas existem outros tipos de NTC com baixa densidade e aspecto de "algodão", formado de estruturas mais emaranhadas em tufos de nanotubos. Não há evidências que levem à indicação de periculosidade desses NTCs para a cavidade pleural, e embora não se saiba quais são as consequências de exposições repetidas a longo prazo de emaranhados de NTCs, sabe-se, porém, que esta classe de NTC pode ter o potencial de causar inflamação nos pulmões.

A situação é semelhante para outras estruturas que podem ser consideradas HARN, como partículas achatadas em forma de moeda (discos). Em razão de seu comportamento aerodinâmico, é provável que essas partículas possam penetrar profundamente nos pulmões. Não há informações que indiquem que essas partículas serão facilmente expurgadas dos pulmões, mas é provável que seu formato e tamanho dificultem sua remoção efetiva, havendo, então, o potencial de ocorrer reações inflamatórias profundas nos pulmões. Até o presente momento, é desconhecido o impacto que a exposição em longo prazo a partículas achatadas causa na saúde. Muita pesquisa ainda precisa ser feita para que se compreenda o grau de periculosidade que esses objetos HARN representam de fato. Não há informações que indiquem de que maneira o formato de nanomateriais que não são HARN podem influenciar suas propriedades toxicológicas, mas é útil obter informações a respeito do formato da partícula para definir investigações futuras sobre a importância desse parâmetro para materiais não HARN.

Área de superfície

A maioria dos efeitos tóxicos de partículas, mas não todos, é mediada por eventos que acontecem na superfície da partícula. A área superficial específica (área/volume ou área/massa) de uma partícula aumenta com a redução de seu tamanho. Em comparação com partículas de tamanho maior, qualquer efeito que seja causado pela interação na superfície da partícula torna-se passível de ser ampliado em nanomateriais. Isso acontece porque, quanto menor for a partícula, maior será sua capacidade superficial de realizar reações químicas, a área superficial tendendo a ser uma área de espaço infinito. Esta é a razão pela qual, quando comparadas em dosagem com o atributo de área total de superfície, nanopartículas demonstram ser mais potentes que seus análogos maiores feitos da mesma composição química. Em comparação ao atributo de massa e dosagem, a diferença aparente em termos de potencial toxicológico se mantém controversa, o que levou a comunidade científica a recomendar que exposições a doses, em caso de toxicidade para nanomateriais, devam ser expressas em termos de área de superfície e também de massa.

Há pouca experiência na utilização da área de superfície para expressar exposição e dosagem de nanomateriais; a maioria dos dados de periculosidade atuais foi obtida utilizando-se somente o atributo de massa.

Na situação atual, a relação dosagem-resposta é expressa em termos de massa corporal por determinado tempo (g, mg, kg /dia), e pode subestimar a relação dosagem-resposta de um nanomaterial,[51] pois a massa deste é muitas vezes desprezível, mesmo que a composição química do material analisado seja a mesma. Por essa razão, mais uma vez, não é apropriado extrapolar a relação dosagem-resposta e níveis de inatividade que tiverem sido obtidos em estudos de partículas de dimensões maiores com a toxicidade de nanopartículas, mesmo que a evidência científica demonstre que, no caso, a extrapolação é válida.

1.5.2 Propriedades biológicas

Entre as diversas propriedades biológicas que devemos considerar quando tratamos de materiais em geral, e de nanomateriais em particular, convém destacar os conceitos de biossorção, bioacumulação, biopersistência e bioatividade.

1.5.2.1 Biossorção *versus* bioacumulação

Biossorção é um processo físico-químico que ocorre naturalmente em organismos vivos, em sua estrutura celular ou extracelular, por meio da incorporação de substâncias exógenas à biomassa. Esse fenômeno pode ser utilizado propositalmente para promover a remoção de substâncias tóxicas, favorecendo assim sua retirada e limpeza do ambiente, como a remoção de metais pesados tóxicos de efluentes industriais e a recuperação de áreas afetadas por atividades de mineração. Por outro lado, a biossorção por organismos que fazem parte da cadeia alimentar de humanos e animais em geral pode ser altamente indesejável, promovendo doenças e colocando em risco sua própria sobrevivência.

Em ambiente fisiológico, nanopartículas absorvem proteínas seletivamente para formar coroas "nanopartícula–proteína", um processo governado por interações moleculares entre grupos químicos funcionais sobre a superfície da nanopartículas e os resíduos de aminoácidos das proteínas. Um índice de adsorção biológica tem sido proposto para quantificar nanopartículas quanto à sua interação com pequenas moléculas que competem por sua superfície (Figura 1.5).[52]

Figura 1.5 Adsorção competitiva entre pequenas moléculas e proteínas em sítios de adsorção de nanopartículas.[52]

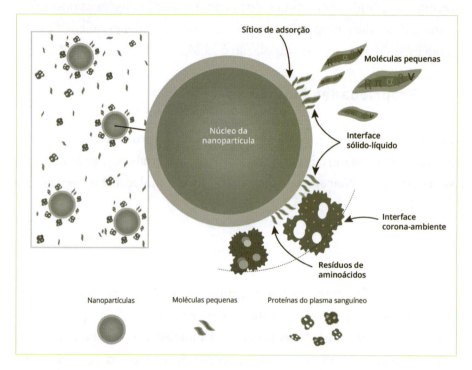

Não se deve confundir o conceito de biossorção com o de bioacumulação. Biossorção é um processo metabólico passivo, ou seja, ocorre naturalmente sem requerer o aporte de energia, e, portanto, a quantidade de nanomaterial incorporado às estruturas celulares depende do equilíbrio químico, da composição do nanomaterial e da superfície celular ou matriz extracelular. Bioacumulação, por outro lado, é um processo metabolicamente ativo, que faz uso da energia disponível pelos organismos vivos, a exemplo do processo de respiração.

Biossorção pode ser classificada como "bioadsorção" e "bioabsorção", sendo a primeira essencialmente um processo de superfície, de natureza bidimensional, enquanto a segunda, um processo de imersão tridimensional do material. É conveniente distinguir entre os fenômenos de bioabsorção e bioacumulação pelo seu grau de irreversibilidade. Enquanto processos de biossorção são, em geral, reversíveis, sendo afetados, por exemplo, pelo pH do meio, a bioacumulação tende a ser irreversível e, portanto, de maior biopersistência. Esse aspecto possui também implicações cinéticas. De modo geral, os processos de biossorção são mais rápidos que os de bioacumulação.

A química da superfície, tanto de nanopartículas quanto de células (isto é, da composição da bicamada lipídica das células), pode ser determinante na translocação de nanopartículas para o citoplasma ou internamente, em membranas de organelas celulares. Trabalhos de simulação computacional têm auxiliado na investigação e compreensão desses fenômenos, como no caso do papel exercido pela densidade de carga na internalização de nanopartículas metálicas carregadas.[53] A natureza do ambiente 3D, no entanto, é fundamental para que se consiga uma inte-

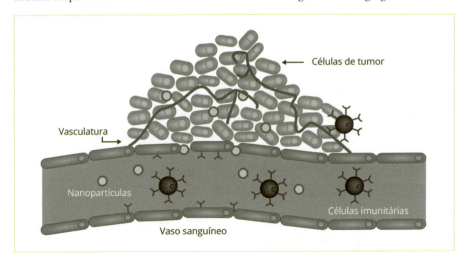

Figura 1.6 Nanopartículas podem ser utilizadas para estimular o sistema imunológico e induzir respostas antitumorais ou ministrar localmente agentes antiangiogênicos.[54]

gração fisiológica adequada entre as nanopartículas e o tecido vivo, como é o caso de terapias antiproliferativas e em dispositivos implantáveis (Figura 1.6).

1.5.2.2 Bioatividade

Bioatividade ou atividade biológica (ou farmacológica, em farmacologia) refere-se aos efeitos (benéficos ou adversos) de um dado agente sobre a matéria viva. Esse agente pode ser um fármaco, que pode ser ingrediente ativo de uma mistura complexa ou mesmo sofrer a influência de outros componentes, mas pode também ser uma nanopartícula, um nanotubo ou outra estrutura qualquer. Enquanto em fármacos a bioatividade é bem correlacionada com a dose ministrada, a atividade biológica de um material pode ser mais afetada por sua energia de superfície, por exemplo, que interfere diretamente na sorção do material e, consequentemente, na sua interação com células e tecidos. Um material é considerado bioativo quando interage ou produz um efeito sobre células e tecidos no corpo humano (ou outro alvo de interesse). Em termos farmacológicos, todavia, o conceito de bioatividade está diretamente ligado aos efeitos benéficos e sua eventual toxicidade.

1.5.2.3 Biopersistência

Biopersistência é uma medida da resistência do material quanto à sua degradação por meios químicos, físicos ou biológicos. Está diretamente ligada à bioacumulação de substâncias indesejáveis em tecidos humanos e animais, bem como em sua cadeia alimentar, e tem o potencial de impactar negativa ou positivamente a saúde humana e o ambiente. Nanomateriais, por suas dimensões, sua alta energia de superfície e sua estabilidade, podem ficar retidos por longo tempo ou mesmo acumular-se em tecidos e órgãos. A retenção pode ser maléfica em alguns casos, mas pode também ser inócua, dependendo da bioatividade e de outras propriedades físico-químicas e biológicas do material. Nanotubos de carbono, por exemplo, podem persistir por meses depois de inalados. O tempo de meia-vida para a eliminação do material (*half clearance time*), definido como o tempo necessário para se eliminar naturalmente metade do material absorvido, pode ser uma boa medida de caracterização da biopersistência.[55] Uma propriedade dos materiais que influencia sua biopersistência é sua "biodurabilidade", definida como sua estabilidade química de longo prazo em compartimentos biológicos.[56]

Essas propriedades biológicas dizem respeito principalmente às características físico-químicas e biológicas dos nanomaterias. Todavia, é importante ressaltar que propriedades puramente físicas, como o arranjo de nanofibras em hidrogéis, que afetam a topologia e a densidade do material, podem ser fundamentais para a integração e a adequação deste. Em dispositivos de engenharia tecidual à base de celulose bacteriana, por exemplo, a densidade das nanofibras determina o comportamento das células endoteliais, assim como de outros tipos celulares.[57] Dependendo de um arranjo mais ou menos denso de fibras, é possível controlar a fisiologia celular e promover o nascimento de vasos sanguíneos em locais em que o processo de angiogênese seja desejado, por exemplo, na construção e regeneração de tecidos e órgãos.

1.6. Considerações nanotoxicológicas

A necessidade de testes toxicológicos depende da intenção de uso, do nível de exposição e do grau de preocupação do potencial de toxicidade de um ingrediente ou formulação. Para nanomateriais, produtores devem considerar a modificação de testes tradicionais de toxicidade em relação às particularidades de nanomateriais, que devem estar de acordo com os fatores de solventes apropriados e dosagem de formulações, dos métodos para prevenir aglomeração de partículas, das condições de pureza e da estabilidade, entre outras variáveis.[34] Em casos em que os métodos de testes tradicionais de toxicidade não possam ser modificados satisfatoriamente, o FDA recomenda desenvolver novos métodos para lidar com questões particulares de segurança. O projeto de testes de segurança deve considerar cada ingrediente da estrutura química e propriedades físico-químicas, pureza/impurezas, aglomeração, agregação e distribuição de tamanho, estabilidade, condições de exposição, biodisponibilidade, toxidade e quaisquer outras qualidades que possam afetar a segurança do produto, de acordo com o seu propósito de uso. Os métodos de testes devem ser utilizados para abordar as questões de curto e longo prazos da toxicidade de nanomateriais. Os métodos de testes de segurança podem também garantir uma avaliação mais aprofundada de possíveis interações de ingredientes-ingredientes ou ingredientes-empacotamento.

A seguir, elencamos alguns métodos alternativos de teste atualmente considerados, que podem ser otimizados para um nanomaterial específico e ajudar na determinação da segurança de ingredientes:

1   Reconstrução de pele humana como Episkin™ e Epiderm™ para testes de irritação e corrosão de pele.
2   Testes de fototoxicidade via 3T3 NRPT (3T3: teste de fototoxicidade de captação de fibroblastos neutros vermelhos).
3   Difusão celular por absorção dérmica em pele humana e/ou de suíno.
4   Permeabilidade e opacidade de córnea bovina (BCOP) e olho de galinha isolado (ICE) para irritação ocular.
5   Genotoxicidade, usando a bateria de três testes recomendados: mutação reversa de bactéria, mutação celular e genética *in vitro* de células de mamíferos, aberração cromossômica *in vitro* de mamíferos e teste do micronúcleo *in vitro*.

Ao se conduzir testes de genotoxicidade de propriedades específicas de nanomateriais, é preciso levar em conta o entendimento do mecanismo dos efeitos genotóxicos de nanomateriais.[58] No entanto, o FDA aponta que estudos *in vitro* costumam ser mais apropriados para nanopartículas com propriedades de solubilização limitadas.

DIRETRIZES E ORIENTAÇÕES

◊ Considerar nanoescala o ambiente no qual os objetos possuam dimensões entre 1 nm e 999 nm, a principal dimensão dos objetos influenciados pela natureza em toda sua diversidade.

◊ Considerar nanomaterial (nano-objeto, nanoestrutura, NOAA) todo objeto que estiver na nanoescala.

◊ Considerar NOAA (nano-objetos agregados e aglomerados) todo material composto de nanomateriais e seus agregados e aglomerados superiores a 100 nm e inferiores a 999 nm.

◊ Definir nanomateriais, usando:

- Nome do nanomaterial
- Número CAS (Chemical Abstracts Service)
- Nome IUPAC (International Union of Pure and Applied Chemistry)
- Fórmula estrutural
- Composição elementar, incluindo:
  - Grau de pureza
  - Identificação de quaisquer impurezas ou aditivos

◊ Classificar nanomateriais quanto à estrutura:

- 0D – Possuem todas as dimensões na nanoescala: nanopartículas, nanocubos e pontos quânticos.
- 1D – Possuem uma de suas medidas em nanoescala: nanofios, fios quânticos, nanobastões e nanotubos; estruturas.
- 2D – Possuem duas de suas medidas em nanoescala: filmes finos, grafeno e superlattices (mistura de polímeros);
- 3D – Possuem todas as suas dimensões acima de 100 nm, mas são formados de um conjunto de estruturas 1D ou 2D: massas nanocristalinas e nanocompósitos.

◊ Classificar nanomateriais quanto ao tamanho:

- $0 < d \leq 100$ nm » Nanomateriais Naturais (NN)/Nanomateriais Projetados (NMP ou ENM)
- $100 < d \leq 500$ nm » NN, NMP ou ENM, NOAA
- $500 < d < 1000$ nm » NOAA

- d > 1000 » Micro

◊ Considerar nanotoxicologia o estudo e a avaliação da toxicidade de nano-materiais (nanoobjetos, nanoestruturas e NOAAs).

◊ Todo nanomaterial deve ser avaliado quanto ao risco, seja na concepção, seja no descarte ou no reúso.

BOAS PRÁTICAS

◊ Para saber se o nanomaterial é um NOAA é preciso avaliar se os componentes primários da sua estrutura possuem qualquer uma das dimensões em nanoescala.

◊ Para uma avaliação completa do nanomaterial em termos de propriedades físico-químicas, deve-se avaliar tamanho e distribuição de tamanho, características de agregação e aglomeração, superfície química e morfologia.

◊ As técnicas mais comuns para a caracterização de nanomateriais são:

Técnica	Sensibilidade
Microscópio eletrônico de transmissão (MET/TEM)	≤ 1 nm
Microscópio eletrônico de varredura (MEV/SEM)	≤ 1 nm
Microscópio de força atômica (AFM)	1 nm – 8 µm
Difusão dinâmica de luz (DLS)	1 nm – 10 µm
Monitor de área de superfície de nanopartícula (NSAM)	≤ 10 nm
Contador de partícula por condensação (CPC)	2,5 nm até 3 µm
Analisador de mobilidade diferencial (D)	≤ 3 nm
Escaneamento de mobilidade e tamanho de partícula (SMPS)	3 nm – 1 µm
Análise do rastreamento de partículas (NTA)	10 nm – 2 µm
Difração por Raios-X (XRD)	≤ 1 nm
Analisador de massa de partícula de aerossol (APM)	30 nm – 580 nm

◊ Para uma avaliação completa da interação biológica do nanomaterial deve-se mensurar suas propriedades biológicas, como biossorção, bioadsorção, bioacumulação, bioatividade e biopersistência.

◊ Para avaliar a biossorção ou a bioabsorção (processos metabólicos passivos) de nanomateriais, deve-se mensurar o equilíbrio químico, a composição do nanomaterial e a composição da superfície celular ou matriz extracelular-alvo para definir a quantidade de nanomaterial incorporado às estruturas celulares.

- Para avaliar a bioacumulação (processo metabolicamente ativo), deve-se realizar testes *in vivo* ou *in vitro* nos tecidos expostos à contaminação por nanomateriais.

- Para avaliar a biopersistência, deve-se verificar a medida de resistência do material quanto à sua degradação por meios químicos, físicos ou biológicos.

- Para avaliar a biodurabilidade, deve-se verificar a estabilidade química do nanomaterial a longo prazo em compartimentos biológicos.

- A estabilidade de nanomateriais pode ser avaliada mediante o uso das técnicas do potencial zeta e DVLO (Derjaguin-Landau-Verwey-Overbeek).

- O uso da metodologia de análise de risco adaptativa Nano LCRA ajuda a identificar os riscos dos nanomateriais antes que aconteçam.

- A avaliação do risco de nanomateriais deve levar em conta partículas primárias que possam se desprender durante seu ciclo de vida, incluindo o processo final de descarte.

- Para avaliar a toxicidade de nanomateriais, recomendam-se os seguintes testes de toxicidade:

  - Reconstrução de pele humana como Episkin™ e Epiderm™, para testes de irritação e corrosão de pele.
  - Testes de fototoxicidade via 3T3 NRPT (3T3 teste de fototoxicidade de captação de fibroblastos neutros vermelhos)
  - Difusão celular por absorção dérmica em pele humana e/ou de suíno.
  - Permeabilidade e opacidade de córnea bovina (BCOP) e olho de galinha isolado (ICE) para irritação ocular.

- Genotoxicidade, usando a bateria de três testes recomendados: mutação reversa de bactéria, mutação celular e genética *in vitro* de células de mamíferos, aberração cromossômica *in vitro* de mamíferos e teste do micronúcleo *in vitro*

Capítulo 2

Melhores práticas para a manufatura e a manipulação de nanomateriais

O conhecimento sobre técnicas comuns de manufatura e/ou produção de nanomateriais pode trazer informações importantes sobre o melhor ferramental para se obter as propriedades desejadas de área de superfície, formato, distribuição de tamanho de partícula, porosidade, superfície de carga, entre outros. Algumas técnicas propiciam melhor controle do tamanho e do formato do que outras; portanto, esta seção tem o objetivo de apresentar as técnicas mais comuns utilizadas atualmente, as quais podem ser classificadas em dois tipos de abordagem: *top-down* e *bottom--up*, como se vê na Figura 2.1.

Figura 2.1 Tipos de abordagem para se produzir nanomateriais.[59]

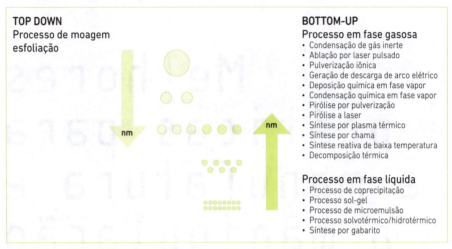

O termo *top down* refere-se à abordagem de síntese para a fabricação de nanomateriais que usa um processo de redução e/ou decomposição de material em dimensões menores, valendo-se de um processo de moagem ou atrito.[60] Já o termo *bottom up* designa uma estratégia de síntese de produção por montagem atômica ou composições moleculares, para a qual podem ser utilizados diversos métodos, como química molhada, condensação de gases inertes, sol-gel, CVD (*chemical vapour deposition*), entre outros.

2.1 Processo *top-down*

Processo de moagem

Este processo é uma abordagem que utiliza o atrito em dispositivos mecânicos para formar as nanopartículas. Moagem é uma técnica simples, de baixo custo e amplamente utilizada, que pode ser aplicada a uma vasta gama de materiais. Esta técnica não permite o controle total da forma ou do tamanho da partícula, pois, utilizando-se este mesmo processo, é possível obter uma distribuição de partículas de tamanho nanométrico.[60] Além disso, os produtos de moagem podem conter impurezas, que se originam da atmosfera de moagem, da ferramenta de moagem ou de agentes de controle adicionados ao pó durante o processo.

Este método é aplicado para a produção de materiais metálicos, ligas, cerâmicas e nanopartículas poliméricas:

- **Metais e ligas metálicas:** NiNb, FeCo, NiAl.
- **Cerâmicos:** TiC, SiGe, Li_2O, $LiNbO_3$, B_2O_3, TiO_3, TiO_2, PZT.
- **Polímeros:** PMMA, PI.

Exfoliação

Exfoliação é o método mais comum para a produção de grafeno, em que diferentes materiais de partida podem ser utilizados, como óxido de grafite, grafite puro, compostos de intercalação de grafite (GICs) e grafite expandido.[61] O processo pode ser realizado utilizando-se técnicas diferentes de mecânica (agitação, chacoalhamento ou ultrassonicação), exfoliação térmica ou eletroquímica. As técnicas térmicas costumam ser mais rápidas e podem ser usadas para a produção do grafeno em ambiente gasoso.

Síntese via gabarito

Apesar de não se encaixar na definição de *top-down*, recentemente pesquisadores da *University of North Caroline at Chapel Hill* (UNC) desenvolveram um método revolucionário de síntese via gabarito, conhecida como Print (*Particle Replication in Non-wetting Templates*). Segundo os pesquisadores, é um método *top-down* de síntese de partículas que estende as técnicas de nanofabricação da indústria de semicondutores para uma alta taxa de transferência usando o processo contínuo *roll-to-roll* para a produção de nanoestruturas precisamente definidas com controle do tamanho de partícula, da forma, da composição química, da carga (funcionalização terapêutica, proteínas, oligonucleotídeos, agente de imagens de siRNA), do módulo de elasticidade (rigidez, deformabilidade) e da química de superfície (anticorpos, cadeias de PEG, quelantes de metais), incluindo a distribuição espacial de ligantes na superfície da partícula.[62] Esta técnica está sendo utilizada para a geração de nanoestruturas altamente homogêneas para entrega de drogas de combate ao câncer diretamente nas células afetadas. A principal vantagem desses novos fármacos é a aplicação diretamente em tumores, melhorando a eficácia da terapia, reduzindo a toxicidade, além de facilitar administração da terapia no paciente (Figura 2.2).

Figura 2.2 Síntese via gabarito Print (*Particle replication in non-wetting templates*).[63]

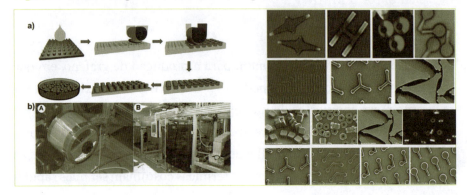

2.2 Processo *bottom-up*

Com a aplicação dos métodos *bottom-up* são obtidos nanomateriais que podem ser sintetizados a partir de precursores no estado sólido, líquido ou gasoso, seguindo os princípios físico-químicos e biológicos da organização atômica e molecular.[64,65]

2.2.1 Processo em fase gasosa

Processos em fase gasosa são métodos muito comuns de escala industrial para a produção de nanomateriais em forma de pó ou em camada fina. Consistem de técnicas simples, de baixo custo e capazes de garantir uma produção de alto rendimento, nas quais as nanopartículas são sintetizadas a partir de uma mistura em fase de vapor. Para formar esta fase, que é termodinamicamente instável se comparada a um material sólido, é aquecido um precursor, o que induz a um estado de supersaturação favorável às reações entre moléculas. Sob certas condições, como grau de supersaturação, temperatura, pressão e tempo de permanência, ocorre o crescimento homogêneo do núcleo, o que induz à formação de partículas primárias, isto é, partículas que são nucleadas de forma independente, o que, subsequentemente, levará à formação de nanopartículas por coalescência[66] (Figura 2.3).

Figura 2.3 Formação de nanopartículas durante síntese em fase gasosa.[59]

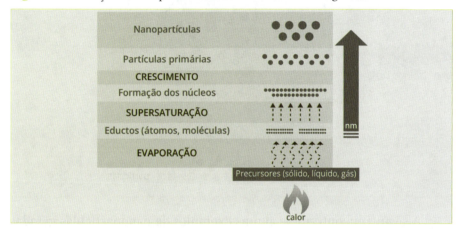

As técnicas em fase gasosa podem ser classificadas de acordo com a fase de precursor e da fonte de energia utilizadas para a síntese de nanomateriais.

2.2.2 Processo em fase gasosa usando precursores sólidos

Condensação de gás inerte

As técnicas de condensação de gás inerte constituem um processo em fase gasosa, em que a fase de supersaturação é obtida por evaporação de um material sólido em um gás inerte frio (geralmente hélio ou argônio),[66] na qual o tamanho das partículas pode ser controlado alterando-se o tipo ou a pressão do gás inerte utilizado. Este processo pode ser aplicado em escala industrial para uma vasta gama de materiais. A adição de espécies reativas, como O_2, para o gás inerte permite sintetizar nanopartículas de vários materiais cerâmicos (Figura 2.4).

Figura 2.4 Processo de produção de nanopartículas via condensação de gás inerte.[59]

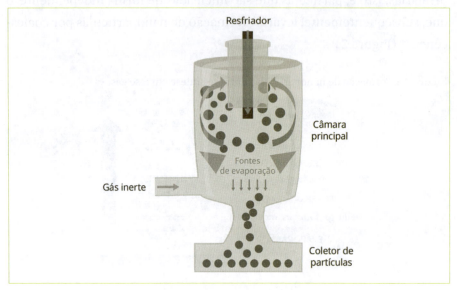

A seguir, encontram-se alguns exemplos de nanopartículas geradas por este método:

- **Metais:** Bi, Ag, Au, Fe_2O_3, Fe_3O_4.
- **Compósitos:** PbS, Si/In, Ge/In, Al/In, Al/Pb.
- **Cerâmicos:** SiO_2, Al_2O_3.
- **Carbonosos:** Grafeno.

Ablação por laser pulsado

Trata-se de um processo em fase gasosa, no qual se utiliza um laser pulsado para aquecer rapidamente uma fina camada de um material sólido de substrato (a partir de 1 μm a 0,1 μm) não volátil e que pode facilmente ser evaporado. Essa ablação provoca a formação de plasma energético acima do substrato, a partir do qual ocorre o processo de nucleação. Modificação da duração dos impulsos de laser e de energia permite controlar as quantidades relativas de partículas ou átomos de ablação e, consequentemente, o tamanho e a forma das partículas (Figura 2.5). No entanto, a nucleação de nanopartículas com esta técnica não pode ser considerada um processo completamente homogêneo, de modo que o controle do tamanho e da forma da nanopartícula é, pode-se dizer, limitado.[67]

Figura 2.5 Processo de ablação por laser pulsado.[67]

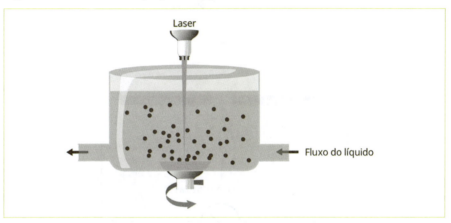

Esse processo permite a produção de apenas uma pequena quantidade de nanopartículas. A seguir, apresentamos exemplos de nanopartículas que podem ser sintetizadas por este método:

- Metais: Fe_2O_3, Fe_3O_4, CuO_2, Au.
- Compósitos: Sb_2S_3, FePt.
- Cerâmicos: TiO_2, SiO_2, Al_2O_3, SiH.
- Carbonosos: nanodiamantes, SWNT (nanotubos de parede simples).

Geração de descarga de arco elétrico

No método de geração de descarga de arco elétrico aplica-se uma alta corrente de arco elétrico (ou faísca) para evaporar o material de eletrodo em um gás inerte e, portanto, para sintetizar nanopartículas (Figura 2.6). Este processo, que pode ser aplicado à produção de qualquer tipo de material condutor, incluindo semicondutores, bem como materiais compósitos,[60] produz quantidades muito pequenas de nanopartículas (5g/kWh), mas é razoavelmente reprodutível, sendo possível realizar o escalonamento para níveis industriais de produção, com o tamanho de partícula podendo ser controlado por meio da energia da corrente de arco elétrico.

Figura 2.6 Processo de geração de descarga de arco elétrico.[59]

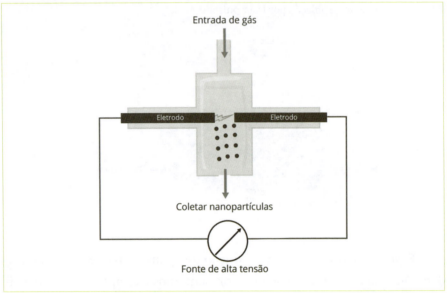

A seguir, encontram-se alguns exemplos de nanomateriais gerados por este método:

- **Metais:** Au, Ag, Cu, W, Sb, Ni, Pt, Fe, Fe_2O_3, V, VO_2.
- **Compósitos:** CuNi, SiC, CrCo, Au-Pd, Ag-Pd.
- **Cerâmicos:** MgO_2.
- **Carbonosos:** nanopartículas e aglomerados em diferentes formatos, SWNT, Fulerenos.

Outro processo de geração de descarga de arco de corrente é a técnica de pulverização de íons, em que o material é vaporizado por bombardeamento de íons de gás inerte a partir de uma superfície sólida em temperatura relativamente baixa, o que causa a ejeção de átomos do material. Esta técnica permite controlar o tamanho e o formato das nanopartículas resultantes;[60] alguns exemplos de nanopartículas que podem ser sintetizados por meio dela são apresentados a seguir:

- **Metais:** Au, VO_2.
- **Compósitos:** TiN, AlN, Al-Cu, CdSe, CdTe.
- **Cerâmicos:** Al_2O_3, SiO_2.

2.2.3 Processo em fase gasosa usando precursores líquidos ou vapores

Processo de deposição química

Nesta abordagem, a fase de supersaturação necessária para a síntese de nanopartículas homogêneas é obtida por meio de reações químicas de gases aquecidos. Síntese química em fase vapor é um método em que precursores em fase de vapor são introduzidos em um reator sob condições que permitem a formação de nanopartículas. Podem ser utilizados precursores sólidos, líquidos ou gasosos em condição ambiente, contanto que sejam introduzidos no reator na forma de vapor. Dos processos de síntese química em fase vapor existentes, o mais conhecido é o de deposição química em fase vapor (*chemical vapour deposition* – CVD), em que o material a ser trabalhado é introduzido na câmara de reação, exposto ao precursor volátil (gás inerte), e, então, reage ou se decompõe, sendo depositado na superfície do substrato em forma de filmes, fibras e outros componentes nanoestruturados (Figura 2.7).[60] A reação CVD precisa de uma energia de ativação (fonte de calor), que pode ser obtida de vários modos.

Outros métodos para a síntese química em fase vapor foram desenvolvidos utilizando-se diferentes meios para iniciar a reação química, como:

- Deposição química em pressão atmosférica em fase vapor (*atmosferic pressure chemical vapour deposition* – APCVD).
- Deposição química em baixa pressão atmosférica em fase vapor (*low pressure chemical vapour deposition* – LPCVD).
- Deposição química organometálica em fase vapor (*metal-organic chemical vapour deposition* – MOCVD).
- Deposição química em fase vapor assistida por plasma (*plasma assisted chemical vapour deposition* – PACVD) ou Deposição química em fase vapor por plasma avançado (*plasma avançado chemical vapour deposition* – PECVD).
- Deposição química em fase vapor por laser (*laser chemical vapour deposition* – LCVD).
- Deposição fotoquímica em fase vapor (*photochemistry vapour deposition* – PCVD).
- Infiltração química em fase vapor (*chemical vapour infiltration* – CVI).
- Epitaxia de feixe químico (*chemical beam epitaxy* – CBE).

Figura 2.7 Processo de deposição química em fase vapor (CVD).[60]

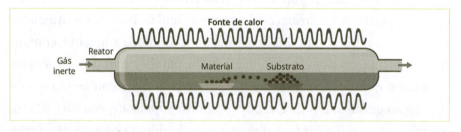

A seguir, apresentamos alguns exemplos de nanopartículas passíveis de ser sintetizadas por este método:

- **Metais:** NiOx, ZnO.
- **Carbonosos:** SWNT, MWNT, fulereno, nanodiamantes.

Outro processo derivado desta classe de técnicas de condensação por vapor químico (*chemical vapour condensation* – CVC) é o que envolve a pirólise de vapores de compostos organometálicos, carbonilas, hidretos, cloretos e outros precursores voláteis no estado gasoso, líquido ou sólido, em uma atmosfera de pressão reduzida, permitindo a síntese de misturas de nanopartículas. Este processo, que permite a produção de nanopartículas com uma distribuição estreita de tamanho, é atualmente usado para a síntese industrial de nanopós disponíveis comercialmente.[68]

Exemplos de nanopartículas que podem ser sintetizados por este método são:

- **Metais:** Fe_2O_3, Fe_3O_4, W, Co, Cu, CuO_2.
- **Compósitos:** Fe_2N, WS_2.
- **Cerâmicos:** TiO_2.

Processo de deposição térmica

São processos que utilizam uma fonte de ignição para gerar a energia inicial de reação internamente no reator, podendo ser pirólise por pulverização, pirólise a laser, síntese por plasma térmico, síntese por chama ou decomposição térmica (Figura 2.8).

Figura 2.8 Processos de deposição térmica.[59]

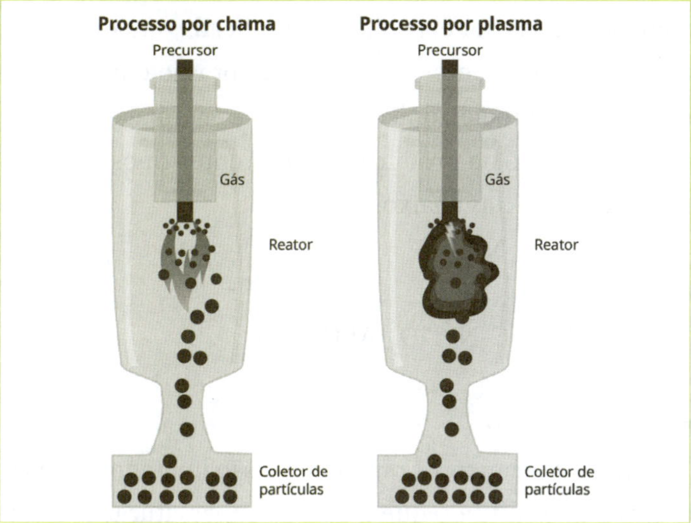

⌐ Pirólise por pulverização

O processo de pirólise por pulverização, também denominado síntese de decomposição de aerossol ou conversão de gota-para-partícula, consiste em um nebulizador para injetar pequenas gotas da solução precursora diretamente em um reator quente, no qual a reação ocorre diretamente na gota da solução. Este processo permite tamanhos ajustáveis de partículas, uma distribuição de tamanhos estreita e boa estequiometria das nanopartículas.[66] Pirólise por pulverização é uma técnica relativamente simples, reprodutível e de baixo custo; exemplos de nanopartículas que podem ser sintetizados por este método são os seguintes:

⌐ **Metais:** Cu, NiO, Ag.

⌐ **Compósitos:** ZnS.

⌐ **Cerâmicos:** TiO_2, ZnO.

⌐ Pirólise a laser

No processo de pirólise a laser, os precursores são aquecidos por absorção da energia do laser (em geral, utiliza-se um laser infravermelho de CO_2), isto é, a energia é absorvida por um dos precursores ou por um fotossensibilizador inerte. Esta técnica permite aquecimento localizado e resfriamento rápido, sendo muito flexível e versátil, e as nanopartículas geradas por ela podem ser aplicadas em nanocerâmicas estruturais, revestimentos resistentes à abrasão e nanomateriais funcionais para optoeletrônica, fotônica e bioimagem.[67] Este método pode ser aplicado na produção de diferentes tipos de nanopartículas, como as descritas abaixo:

⌐ **Metais:** Fe_2O_3, FeC, Fe_4N,.

⌐ **Compósitos:** MOS_2.

⌐ **Cerâmicos:** Si, SiC, Si-C-N, TiO_2, Al_2O_3.

⌐ Síntese por plasma térmico

Na síntese por plasma térmico, os precursores são injetados no plasma térmico gerado, permitindo que a fase de supersaturação atinja rapidamente a síntese de nanopartículas em razão do ambiente de alta energia, e a reação ocorre após o resfriamento, enquanto o material está saindo da região de plasma. Diferentes tipos de plasma térmico podem ser usados, como o jato de plasma de DC (corrente contínua), plasma de arco de corrente contínua, plasma induzido por radiofrequência (plasma RF), plasma por micro-ondas e plasma indutivamente acoplado (ICP), que é usado em combinação com um pulverizador de aerossol, chamado pulverizador ICP. Óxidos de componentes múltiplos, bem como materiais simples, podem ser obtidos por este método; por exemplo:

- **Metais:** CuO, $NiFe$, Bi, Bi_2O_3.
- **Compósitos:** C_2N_4.
- **Cerâmicos:** ZnO, TiO_2, Al_2O_3.

Síntese por chama

Na síntese por chama as nanopartículas são produzidas utilizando-se a chama para iniciar as reações químicas, a fim de promover o crescimento de nanopartículas. Técnica de baixo custo e tida como a abordagem mais comum para a síntese industrial de nanopartículas, este processo costuma ser utilizado para a produção de nanopartículas de óxido em razão do ambiente oxidante da chama. É também possível injetar o precursor líquido diretamente para dentro da chama, como no processo de pirólise por pulverização. Recentemente foi divulgada a possibilidade de se expandir a síntese por chama a uma grande variedade de materiais, permitindo um controle ainda maior da morfologia e do tamanho da partícula.[59]

Exemplos de nanopartículas que podem ser sintetizados por este método são os seguintes:

- **Metais:** Fe_2O_3, Fe_3O_4.
- **Cerâmicos:** TiO_2, ZnO, ZrO_2, Al_2O_3, SiO_2, $ZnAl_2O_4$.
- **Carbonosos:** CNT, Fulerenos (C_{60}, C_{70}).

A decomposição térmica pode também ser usada para síntese de nanopartículas, particularmente o grafeno. Neste caso, o crescimento de grafeno pode ser realizado em isolamento de carboneto de silício (SiC), utilizando-se superfícies de alta temperatura de recozimento em atmosfera de vácuo, permitindo a produção em grande escala de dispositivos baseados em grafeno.

2.2.4 Processo em fase líquida

O mecanismo de formação de partículas é o mesmo da fase de produção de gás; neste caso, porém, os precursores estão em fase sólida ou líquida. Em geral, os processos de fase líquida ou de meio aquoso permitem melhor controle da forma, do tamanho e de outros parâmetros das nanopartículas. Os processos mais comuns de fase líquida para sintetizar as nanopartículas são coprecipitação, sol-gel e síntese hidrotérmica, mas há outros, como os processos hidrotérmicos e solvotérmicos e síntese via gabarito.

Processo de coprecipitação

O processo industrial mais comum para a produção de nanomateriais, durante o qual a nucleação, o crescimento e a aglomeração ocorrem simultaneamente. Nesta síntese, precursores solúveis são colocadas no solvente para formar e precipitar nanopartículas.[69] Coprecipitação é adequada para a produção de uma variedade de nanomateriais e permite

Figura 2.9 Processo de coprecipitação.[59]

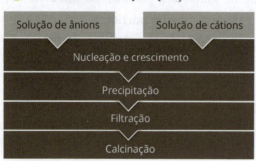

controlar o tamanho e a forma das nanopartículas de maneira mais eficiente (Figura 2.9).

A coprecipitação pode ser aplicada para a síntese que ocorre tanto em solventes aquosos quanto em não aquosos. Em muitos casos, um agente de proteção (surfactante) orgânico é adicionado à mistura de reação para evitar a aglomeração e/ou para funcionar como agente de redução. Nanopartículas metálicas também podem ser sintetizadas por redução eletroquímica ou decomposição de precursores metalorgânicos. Este método permite a produção de nanopartículas de metal calcogenetos por reações de precursores moleculares. O processo de coprecipitação pode ser suportado por um tratamento de micro-ondas ou de ultrassons, que proporcionam um aquecimento rápido da mistura de reação.[69]

Abaixo, exemplos de nanopartículas que podem ser sintetizadas por coprecipitação:

- **Metais:** Cu, Ag, Au, Ni, Fe, Ru, ZnO, SnO_2, Sb_2O_3.
- **Compósitos:** Cu(Py), PdPt, AuAg, CdSe.
- **Cerâmicos:** TiO_2, Al_2O_3.

Processo sol-gel

O processo sol-gel é uma técnica química que utiliza uma solução de produtos químicos ou de partículas coloidais (sol) para produzir um óxido ou uma de rede de pontes de alcoóis (gel) para reações de policondensação ou como poliesterificação (Figura 2.10).

Os metais alcóxidos ou metais cátions em meios aquosos, como Si, Fe, Ti, Zr, são precursores tipicamente usados nesta técnica, na qual muitos parâmetros de reação, como pH, temperatura, métodos de mistura, natureza e concentração de ânions têm de ser controlados, a fim de proporcionar uma boa reprodutibilidade da síntese. No entanto, este processo fornece a possibilidade de um bom controle do tamanho e da forma das nanoestruturas produzidas. Este processo é especialmente bem-sucedido para a síntese de óxidos metálicos, como cerâmica, vítreos, fil-

Figura 2.10 Processo sol-gel.[69]

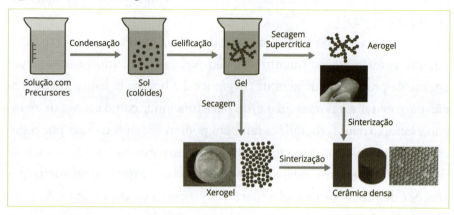

mes e fibras.[59] Nanomateriais altamente porosos, como zeólitos ou silicatos, também podem ser sintetizados pelo processo sol-gel.

A seguir, exemplos de nanopartículas que podem ser sintetizados por este método:

- **Metais:** Fe_2O_3, Fe_3O_4.
- **Compósitos:** $AgSiO_2$, $AuSiO_2$, $PbTiO_3$.
- **Cerâmicos:** ZrO_2, TiO_2, SiO_2.

Método de microemulsão

O processo de microemulsão consiste na mistura de duas fases líquidas diferentes para se criar uma dispersão de micelas que servem como nanorreatores para a síntese de nanopartículas. Neste processo, utilizam-se dois tipos de mistura líquida estável: fase de óleo e fase de água com um surfactante, e, eventualmente, um cossurfactante (Figura 2.11).

Os dois ramos principais deste processo são a técnica direta de microemulsão, na qual o óleo é inserido na solução de água/surfactante, e a técnica microemulsão reversa, na qual a água é inserida em óleo. Este processo pode ser aplicado a metais e ligas metálicas, óxidos, cerâmicas e polímeros. Nanopartículas metálicas são sintetizadas por redução, mediante a adição de um agente redutor, e para a produção de óxidos metálicos; a sín-

Figura 2.11 Processo de síntese de nanopartículas via microemulsão reversa.[59]

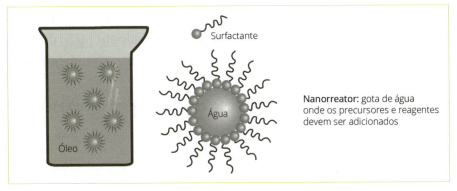

tese baseia-se na precipitação de óxidos em solução aquosa. Este método também pode ser aplicado para a polimerização ou de sol-gel.[70] O tamanho das nanopartículas pode ser controlado ajustando-se alguns parâmetros, como o tipo de surfactante, a proporção molecular de água e surfactante, a concentração de reagentes e a velocidade e o tipo de agitação.

Exemplos de nanopartículas que podem ser sintetizadas por este método:

- **Metais:** Co, Ag, Pd, Bi, Ni, Pt, Fe_2O_3, Fe_3O_4.
- **Compósitos:** $FePt_3$.
- **Cerâmicos:** Al_2O_3, TiO_2, SiO_2.
- **Poliméricos:** PMMA, PPy (Polypyrole).

Processos hidrotérmicos e solvotérmicos

Nestes processos, os solventes, em um recipiente fechado (bomba, autoclave etc.) e sob pressão interna autógena, são elevados a temperaturas bem acima de seus pontos de ebulição. Quando o solvente utilizado é a água, o processo é o hidrotérmico; caso contrário, temos o processo solvotérmico. A temperatura e a pressão controladas proporcionam condições de reação mais suaves e amigáveis, nas quais tipos diferentes de reação podem ocorrer, como complexação ou redução. As técnicas hidro e solvotérmicas podem ser aplicadas para a produção de uma variedade de tipos de nanopartículas, como metais, semicondutores, cerâmica ou polímeros.[59] Elas permitem um controle preciso do tamanho de partícula, da forma, da distribuição de tamanho e da cristalinidade em razão de parâmetros como temperatura de reação, tempo de reação, tipo de solvente, tipo de surfactante e precursor.

Exemplos de nanopartículas que podem ser sintetizados por este método:

- **Metais:** Ag, Cu, Fe, Ni.
- **Compósitos:** ZnSe, SnSe, CuInSe$_2$.
- **Cerâmicos:** TiO$_2$, SiO$_2$.
- **Carbonosos:** MWNT, SWNT.

Processo de síntese via gabarito

Síntese via gabarito é um método recente que vem merecendo crescente atenção, pois pode integrar facilmente reações com polimerização, redução, água-forte (*etching*), entre outras.[71] Esta técnica nova de produção de nanoestruturas possibilita distribuição estreita de tamanho, química de superfície e morfologia controlada com alto grau de homogeneidade, podendo ser escalonada industrialmente em grandes quantidades, gerando

Figura 2.12 Processo de síntese via gabarito.[71]

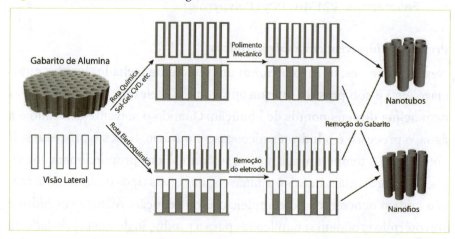

alto rendimento e baixo consumo de energia. Os gabaritos podem ser utilizados para direcionar o crescimento e o formato das nanoestruturas, como se pode observar na Figura 2.12.

Exemplos de nanopartículas que podem ser sintetizados por este método:

- Metais: Fe_3O_4, Au, Pd, Pt.
- Compósitos: $CoFe_2O_4$.
- Cerâmicos: TiO_2, SiO_2.
- Cerâmicos: TiO_2.

Em geral, os processos de *top-down* permitem menos controle sobre o processo de produção de nanopartículas, enquanto os *bottom-up* incluem várias técnicas, como síntese em fase gasosa, que inclui: condensação de gás inerte, pirólise por pulverização e/ou chama; síntese em fase líquida, que inclui os processos de coprecipitação com abordagens solvotérmico ou métodos de sol-gel. A Tabela 2.1, a seguir, apresenta um resumo dos métodos mais comuns de manufatura de nanomateriais.[59]

Tabela 2.1 Resumo dos processos mais comuns para produção de nanomateriais baseado nas diretrizes da OECD.[59]

	Processo e moagem	Condensação de gás inerte	Ablação por laser pulsado	Pulverização iônica	Geração de descarga de arco elétrico	Deposição química em fase vapor (CVD)	Condensação de vapor químico (CVC)	Pirólise por pulverização	Pirólise a laser	Síntese por plasma térmico	Síntese por chama	Síntese reativa de baixa temperatura	Processo de coprecipitação	Processo sol-gel	Processo de microemulsão	Processo hidrotérmico/solvotérmico	Síntere por gabarito
Fulereno			x	x	x				x								
SWNT		x	x		x	x					x						

	Processo e moagem	Condensação de gás inerte	Ablação por laser pulsado	Pulverização iônica	Gração de descarga de arco elétrico	Deposição química em fase vapor (CVD)	Condensação de vapor químico (CVC)	Pirólise por pulverização	Pirólise a laser	Síntese por plasma térmico	Síntese por chama	Síntese reativa de baixa temperatura	Processo de coprecipitação	Processo sol-gel	Processo de microemulsão	Processo hidrotérmico/solvotérmico	Síntere por gabarito
MWNT		X	X		X	X				X							
Nanopartículas de prata (Ag)		X	X	X									X		X	X	
Nanopartículas de ouro (Au)		X	X	X	X								X		X		X
Nanopartículas de ferro (Fe)		X	X		X		X			X			X	X	X	X	X
Nanopartículas de titânia (TiO$_2$)	X	X	X			X	X	X	X	X			X	X			
Nanopartículas de alumina (Al$_2$O$_3$)		X	X		X			X	X	X			X		X		
Nanopartículas de céria (CeO$_2$)		X		X			X		X	X	X		X	X	X	X	
Nanopartículas de óxido de zinco (ZnO)			X			X	X			X	X		X			X	
Nanopartículas de sílica (SiO$_2$)	X	X		X			X						X	X	X	X	
Nanoargilas													X	X			

DIRETRIZES E ORIENTAÇÕES

- Utilizar as abordagens *top-down* e *bottom-up* para a produção de nanomateriais:
  - *Top-down*: sintetização de nanomateriais valendo-se de um processo de redução e/ou decomposição de material em dimensões menores que utiliza técnicas de moagem ou atrito.
  - *Bottom-up*: sintetização de nanomateriais por montagem atômica ou composições moleculares via química molhada, condensação de gases, processos térmicos, sol-gel e outros.

BOAS PRÁTICAS

- Utilize métodos que se baseiem em processos predominantes em fase líquida, quando disponível, pois, nestes, existe melhor controle da dispersão de partículas no ar e menor consumo de energia, além de facilitar o processo de escalonamento industrial.

- A exfoliação (mecânica, térmica, eletroquímica) é o método padrão para a produção de grafeno e nanocerâmicas.

- Utilize os processos em fase gasosa para a produção em escala industrial de nanomateriais em forma de pó ou de camadas finas, pois, além de ser simples, garantem melhor controle das condições ambiente, possuem baixo custo e geram alto rendimento.

- Utilize o processo em fase gasosa com precursores sólidos, como a técnica de condensação de gás inerte, pois permite que se controle o tamanho da partícula apenas controlando-se o tipo de gás e a pressão exercida no sistema.

- Evite usar métodos com alto consumo de energia; dê preferência àqueles baseados em química molhada, quando disponível, pois estes, além de gerar maior quantidade de nanomaterial, geralmente operam em pressão e temperatura ambiente, e podem ser facilmente escalonados para níveis industriais.

- Utilize os processos em fase gasosa com precursores líquidos ou vapores para a produção de materiais carbonosos; já existem, porém, métodos menos energéticos intensivos ainda não escalonados para a indústria.

- Utilize reações químicas em gases aquecidos para a síntese de nanopartículas homogêneas. Dos métodos disponíveis, o mais conhecido é o deposição química em fase vapor (CVD). Para a energia de ativação (fonte de calor) das reações, o CVD pode ser empregado com vários modos (plasma, laser, radiador etc.).

- Utilize o método de condensação de vapor químico (CVC) para misturas de nanopartículas com distribuição estreita de tamanho em forma de nanopós em nível industrial.

- Utilize o processo por deposição térmica para produzir tamanhos ajustáveis de partículas, uma distribuição de tamanhos estreita e boa estequiometria das nanopartículas. Além disso, este método é relativamente simples, reprodutível em larga escala e de baixo custo.

- É possível utilizar o processo por deposição térmica também para a produção de grafeno por meio do crescimento em isolamento de carboneto de silício (SiC) em uma superfície de alta temperatura de recozimento com atmosfera de vácuo.

- Utilize processos em fase líquida, pois eles permitem melhor controle da forma, do tamanho e de outros parâmetros das nanopartículas. Os métodos mais comuns de fase líquida para sintetizar as nanopartículas são coprecipitação, sol-gel e síntese hidrotérmica.

- Utilize a coprecipitação, técnica industrial mais comum para produção de diversos tipos de nanomateriais com controle de tamanho e forma das nanopartículas de maneira mais eficiente.

- Utilize o processo sol-gel, uma das técnicas de química molhada mais utilizadas na produção de partículas coloidais (sol), para a produção de aerogéis, xerogéis, cerâmicas sólidas e cerâmicas porosas (zeólitos ou silicatos).

- Utilize o processo de microemulsão para a produção de metais e ligas metálicas, óxidos, cerâmicas e polímeros.

- Utilize os processos hidrotermais (presença de água) e solvotérmicos (presença de solventes) para proporcionar condições de reação mais suaves e amigáveis, e produzir nanomateriais (metais, semicondutores, cerâmica ou polímeros) com um controle preciso do tamanho de partícula, da forma, distribuição de tamanho e da cristalinidade.

◊ Utilize a síntese via gabarito, uma técnica nova de produção de nanoestruturas, para a produção de nanomateriais com distribuição estreita de tamanho, química de superfície, morfologia e funcionalizações controladas com alto grau de homogeneidade, podendo ser escalonado industrialmente em grandes quantidades e até mesmo em processos contínuos R2R (*roll-to-roll*), gerando alto rendimento e baixo consumo de energia.

Capítulo 3

Como medir as propriedades de nanomateriais

Informações sobre formas de partículas em nanomateriais comerciais não são facilmente encontradas, principalmente porque isso é tratado como informação comercial confidencial. Isso dificulta a identificação de potenciais riscos de certos nanomateriais que devem estar encapsulados ou propriamente ancorados, como o caso de nanotubos de carbono (CNTs), cuja toxicidade é conhecida e comprovada. Problemas de toxicidade aguda e até mesmo carcinogênica podem ser causados dependendo do formato da fibra dos nanotubos de carbono, como observado para fibras de amianto (ver item Morfologia no Capítulo 1); todavia, se devidamente encapsulada e corretamente utilizada, a fibra de nanotubo pode trazer benefícios inigualáveis para o tratamento de câncer.

As nanopartículas podem assumir uma ampla variedade de formas básicas, desde as quase esféricas simples, hastes com proporção bem definida, hexagonais ou formatos triangulares, cúbicos, e até mesmo de agulhas alongadas e de fibras. Em alguns casos, a grande maioria das partículas presentes em uma amostra tem uma forma bastante homogênea, enquanto, em outros, várias formas diferentes podem estar presentes simultaneamente. Em casos mais complexos, as partículas podem aparecer como um aglomerado de partículas com ramificações, tornando assim a classificação de possíveis formas ainda mais complexas.[59]

Os métodos de mensuração aqui apresentados representam as técnicas mais comuns para a avaliação de nanomateriais, mas não incluem as técnicas de análise químicas convencionais, como o XPS (*X-ray photoelectron spectroscopy* – espectroscopia de fotoelétrons excitados por raios X), TGA (*thermogravimetric analysis* – termogravimetria), DTA (*differential thermal analysis* – análise térmica diferencial), entre outras, nem as técnicas utilizadas em Biologia, como microscópios confocais e outros equipamentos que possuem vasta literatura e já constituem padrões reconhecidos por todos.

3.1 Microscopia eletrônica

Para medir o tamanho de partículas com microscopia eletrônica (EM – *electron microcospy*), a amostra escolhida deve conter a quantidade necessária para que a avaliação da distribuição e a estatística possam ser realizadas corretamente. No caso de objetos quase esféricos, a escolha do parâmetro é de menor importância, não importando se for utilizado ECD (diâmetro circular equivalente), diâmetro hidrodinâmico, da área ou o de Feret, pois são todas quantidades válidas para definição de tamanho de partícula. Na prática, o ECD e o diâmetro de Feret são os comumente escolhidos. Para objetos em forma de haste, são necessários comprimento e diâmetro; no caso de discos, diâmetro e espessura. A escolha do parâmetro está fortemente relacionada à questão do formato, portanto, não existe "melhor escolha" para todos tipos de materiais.[59]

Para exemplificar os diferentes formatos da nanopartículas, a Figura 3.1 apresenta imagens de EM de vários materiais utilizados em tintas e em aplicações industriais. A maioria das amostras mostra um grau de agregação, mas as imagens permitem identificar a forma e, com alguma dificuldade, o tamanho de cada uma das nanopartículas constituintes. Na maioria dos casos, as partículas possuem um formato próximo ao esférico, como o pigmento vermelho 101, rutilo e anátase TiO_2, sílica coloidal, e até mesmo o pigmento azul-cobalto. A forma alongada aparece em apenas dois casos – no pigmento amarelo 83 e no amarelo 42 –, e o formato de plaquetas em somente um: no pigmento metal 2 (cor de metal latão). Interessante observar que o formato da partícula está intimamente relacionando à sua cor, tanto na macro quanto na nanoescala. Cada formato de nanopartícula tem um índice de difração específico, que compreende uma cor no espectro de luz visível e invisível diretamente proporcional ao formato e tamanho de partícula, que, inclusive, pode mudar a cor quando observado na nanoescala. O ouro, por exemplo, um material muito conhecido, possui cores diferentes em nanoescala, como ilustrado na

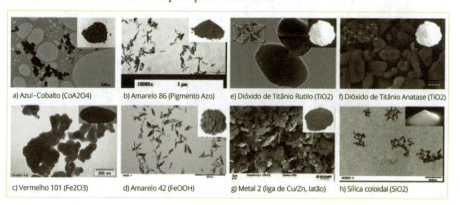

Figura 3.1 Imagens de microscopia eletrônica de diversos pigmentos industriais em nanoescala utilizados em tintas e aplicações industriais.[59]

Figura 3.1, enquanto, em macroescala, se puro, possui somente a cor amarelo-escuro.[59]

Em alguns casos (especialmente para pigmento azul-cobalto), maior ampliação da imagem de EM seria necessária para avaliar se os clusters vistos na imagem são entidades individuais ou agregados de várias partículas primárias. A Tabela 3.1, a seguir, mostra o valor da mediana da distribuição de tamanho do número de partículas para cada material apresentado na Figura 3.2, conforme previsto pelos produtores desses materiais.

Tabela 3.1 Tamanho de partícula dos materiais analisados.[59]

Material	Tipo ou Composição	Tamanho do Fabricante (nm)
Azul-cobalto	$CoAl_2O_4$	527
Amarelo 83	Pigmento azo	47
Vermelho 101	FeOOH	20
Rutilo	TiO_2	250
Anátase	TiO_2	130
Metal 2	Liga de Cu/Zn	150
Sílica coloidal	SiO_2	12

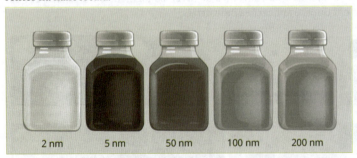

Figura 3.2 Tamanhos diferentes de nanopartículas de ouro (Ag NPs) possuem cores diferentes na nanoescala.[72]

A microscopia eletrônica é considerada por muitos o método de referência para a análise do tamanho das nanopartículas, e as imagens de

EM têm grande valor para se entender melhor os resultados obtidos com outros métodos de medição. Em termos de resolução espacial possível, os métodos de microscopia eletrônica de varredura (MEV ou SEM – *scanning electron microscopy*) e microscopia eletrônica de transmissão (MET ou TEM – *transmission electron microscopy*) estão progredindo de forma constante. Dada a crescente disponibilidade de avançados MEVs (de emissão de campo), seu valor para a aplicação da definição de nanomateriais está aumentando; no entanto, o TEM permanece como a técnica superior em termos de resolução.[59,73]

A microscopia eletrônica de transmissão usa um feixe de elétrons para interagir com uma amostra e formar uma imagem sobre uma chapa fotográfica ou com uma câmera especial com dispositivo de carga acoplada (CCD – *charge-coupled device*). A amostra deve, portanto, ser capaz de suportar o feixe de elétrons e a atmosfera da câmara de alto vácuo. A preparação da amostra pode ser difícil, pois é preciso ter uma em formato de filme fino, com espessura de 30 a 50 nm (no máximo, 100 nm), ou uma espessura que seja transparente a elétrons sobre um substrato adequado. Outro revés desta técnica está no fato de o processo de captura e geração de imagens ser demorado e ter alto custo de operação e manutenção. A Figura 3.3 apresenta a foto de um TEM e um esquema do seu funcionamento interno.

A versão TEM de alta resolução (HRTEM – *high-resolution TEM*) verifica a interferência do feixe de elétrons na amostra, em vez de medir a absorvência do feixe como na TEM comum. Isso proporciona maior resolução, beneficiando mais ainda a informação de amostras em nanoescala. No entanto, este método requer a compreensão da amostra para permitir a interpretação dos resultados, como o contraste de fase; portanto, as informações podem ser difíceis de ser interpretadas, o que pode restringir o uso de HRTEM.[59]

A vantagem da microscopia eletrônica de transmissão ambiental (E-TEM – *enviromental TEM*) perante as outras versões é que ela permite realizar análises *in situ*, utilizando uma atmosfera gasosa convencional

Figura 3.3 Exemplo de equipamento TEM e esquema do seu funcionamento.[73]

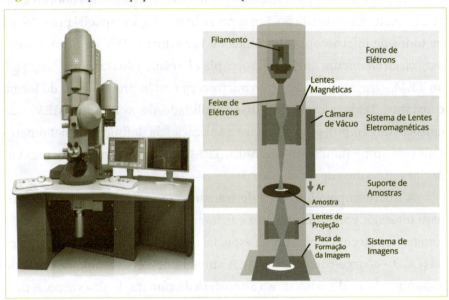

(N_2, O_2, Ar), em vez de uma câmara com atmosfera de alto vácuo, como no MEV tradicional.

O método de microscopia eletrônica de varredura também usa um feixe de elétrons de alta energia, mas este é varrido sobre a superfície e a retrodifusão dos elétrons observada e medida para formar a imagem em nanoescala. A amostra deve ser eletricamente condutiva na superfície e submetida novamente a uma atmosfera de alto vácuo. Essa abordagem pode também restringir os tipos de amostras a ser analisadas e possui o mesmo problema do TEM, por ter custo elevado e consumir muito tempo para realizar uma análise. Pode-se, então, optar pelo E-TEM, que permite a medição de amostras em atmosfera de baixa pressão com gás convencional, e, ainda, o método STEM (*scanning transmission electron microscopy*), que combina as técnicas de TEM e SEM para observar a superfície e o interior da amostra com feixe de elétrons.[73]

3.2 Microscopia de força atômica

O método de microscopia de força atômica (MFA ou AFM – *atomic force microscopy*) é uma forma de SPM (*scanning probe microscopy*), técnica criada pela IBM nos anos 1980. Este método utiliza uma ponteira e/ou sonda mecânica com uma ponta especial muito fina para sentir a superfície da amostra. Um braço de suporte controlado por um aparato pizoelétrico movimenta precisamente a sonda na nanoescala, e esta, cada vez que toca ou se aproxima da superfície, é movida sobre a superfície, rastreando as características (topologia) da amostra, sendo medido o grau diferencial de deflexão da sonda através de um laser. O laser é refletido de volta em um arranjo de fotodiodos que digitaliza a informação em imagem, revelando a topologia detalhada da superfície do nanomaterial.[74] Portanto, é possível ter uma visualização completa da superfície em 3D do nanomaterial, e isso pode ser aplicado a amostras submetidas a atmosfera de ar, líquidos e gases. Outra vantagem do AFM está no seu custo, que é mais acessível e também mais rápido na geração de imagens de amostras na nanoescala (Figura 3.4).

Figura 3.4 Exemplo de equipamento AFM e esquema de funcionamento.[74]

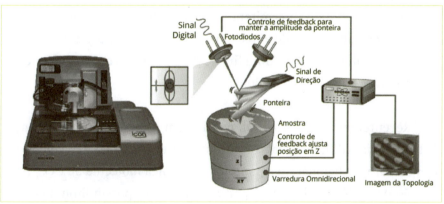

Alguns cuidados, no entanto, devem ser tomados para uma correta mensuração, pois a amostra deve aderir ao substrato, ser rígida e bem distribuída no substrato, e o substrato escolhido ter rugosidade inferior à do nanomaterial que estiver sendo medido. Além disso, as ponteiras acumulam sujeira facilmente, em razão do contínuo contato mecânico com as amostras, o que dificulta a geração precisa das imagens, e ainda podem ser danificadas caso o operador aplique força desproporcional quando estiver varrendo a amostra.

Apesar de haver muitas variações de medições via AFM, normalmente o AFM funciona em três modos básicos:

1. Modo de contato (*contact mode*) – A ponteira tem amplitude de deflexão constante, tocando mecanicamente a amostra de forma a varrer a superfície e registrar a topologia. Se a amostra for mais mole que a ponteira, esta entra em modo de litografia e danifica a superfície, removendo o material do local em que a ponteira tocou.

2. Modo sem contato (*non-contact mode*) – A ponteira possui deflexão livre, oscilando em frequência de ressonância, mas a amplitude é mantida constante. Como a ponteira não toca a amostra, este modo de operação depende exclusivamente das forças de van der Waals (forças fracas de superfície), que restringem a deflexão da ponteira.

3. Modo de contato intermitente (*tapping mode*) – A ponteira possui restrição de amplitude em torno de 50% a 60% para gerar deflexões de tamanho bem definido, a fim de gerar imagens com o menor dano possível e de alta resolução.[74]

Recentemente, Oteyza et al. publicaram os resultados dos avanços da tecnologia AFM, nos quais os pesquisadores usaram o AFM em modo sem contato e adicionaram à ponteira uma única molécula de CO.[75] A interação da molécula de CO na ponta da ponteira possibilitou, pela primeira vez, a observação direta de pontes covalentes e das forças de van der Waals das reações químicas para uma única molécula, como ilustrado na Figura 3.5.

Figura 3.5 Imagens de STM comparadas com imagens de AFM de uma única molécula, revelando as pontes covalentes em branco e as forças de van der Waals em preto.[75]

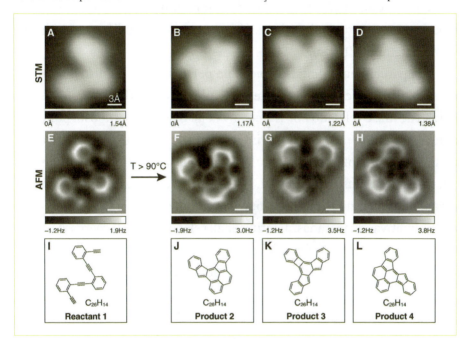

3.3 Difusão dinâmica de luz

A tecnologia mais comum para se obter o tamanho e a distribuição de tamanho de nanopartículas submícron em meio líquido é a espectroscopia por correlação de fótons (PCS – *photon correlation spectroscopy*), também conhecida como difusão dinâmica de luz (DLS – *dynamic light scattering*), um método que depende da interação da luz com partículas na amostra. Essa técnica avalia o padrão de dispersão da luz incidente, medindo o movimento browniano das partículas da amostra por meio da relação descrita na equação de Stokes-Einstein (Figura 3.6), e o resultado dessa medição é a estimativa do raio hidrodinâmico e da distribuição de tamanho das partículas na amostra. Portanto, para que a medição ocorra, a amostra deve estar em solução líquida ou em suspensão muito bem diluída, pois, do contrário, a dispersão da luz pode ser pouco clara e a medida perderá a precisão. A técnica também é sensível a impurezas, e a viscosidade da solução da amostra deve ser conhecida. Com esta técnica, é possível medir tamanhos de partícula que possuam diâmetro hidrodinâmico de 1 nm a 10 um.[59]

O aparecimento de falsos picos na parte inferior da distribuição de tamanho de partícula, no caso de partículas não esféricas com forte dispersão de luz, é relatado por Khlebtsov et al. A solução proposta por esses autores baseia-se na medição da intensidade de luz difusa variando largamente o espalhamento dos ângulos incidentes, o que atualmente não é possível para os instrumentos DLS padrão.[76] Os autores também estabeleceram que as larguras das distribuições de tamanhos de DLS baseiam-se em estimativas exageradas. Jamting et al. relatam algum progresso no uso de DLS, mas o progresso continua sendo limitado para suspensões de bimodais partículas, com picos bem separados na distribuição de tamanho.[77]

Figura 3.6 Exemplo de equipamento DLS e método de medição de nanopartículas.[78]

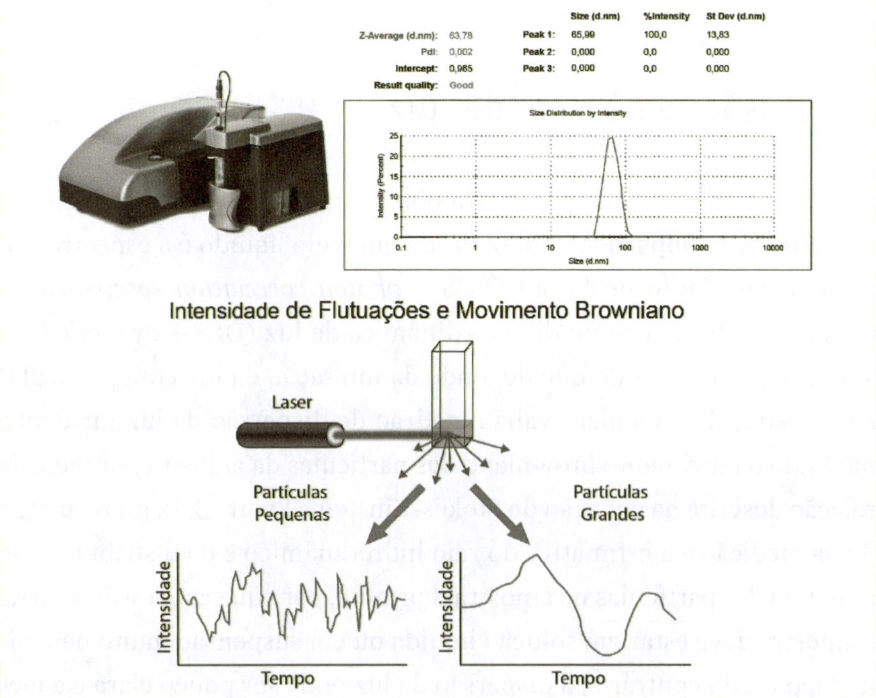

Em métodos como este, cada partícula individual dá origem a uma fração do sinal composto (por exemplo, a absorção de luz depois de certo tempo, a massa sedimentada, a luz dispersa). É fundamental ter em mente que é impossível para tais métodos gravar o sinal vindo de cada única partícula – apenas o sinal ou o total cumulativo que inclui as partes do sinal de todas as partículas medidas ao mesmo tempo é gravado. O sinal que cada partícula gera depende do seu tamanho, mas, muitas vezes, depende também de fatores como seu formato, densidade, composição e propriedades ópticas. Portanto, na avaliação dos dados, o equipamento deve reconstruir o tamanho das partículas a partir da soma de todos os sinais, o que não pode ser feito sem hipóteses ou informações adicionais. Em geral, todos os modelos de avaliação de dados assumem uma determinada forma de partícula, mas também partem do princípio de que todas têm a mesma forma, densidade e composição. Isso significa que determinado sinal pode ser interpretado de diferentes maneiras, dependendo das suposições feitas sobre a forma, a composição, e assim por diante.[78]

Tal fato é ilustrado em um estudo com o sinal de nanobastões de Ouro (Au *nanorods*) que Liu et al. geraram por DLS ao investigar nanobastões com diâmetro de 25 nm e comprimento de 100 nm, ou seja, um material que satisfaz de forma clara aos critérios da definição de nanomaterial. As medidas de distribuição de tamanho de partículas com a técnica de DLS deu origem a dois picos aparentes, um a 5 nm a 6 nm, e um a 75 nm, dois comprimentos que não correspondem ao comprimento nem mesmo em relação ao diâmetro dos nanobastões. Este resultado confuso pode ser entendido em razão de o DLS não medir diretamente o tamanho, mas sim o coeficiente de difusão, e calcular o tamanho das esferas que se difundem com a mesma velocidade (Figura 3.7).[79] Os nanobastões utilizados neste estudo possuem, de fato, dois coeficientes de difusão: a difusão rotacional (na direção do eixo de rotação) e a difusão de translação (perpendicular ao eixo de rotação). O coeficiente de difusão de rotação dos nanobastões utilizados no estudo é do mesmo tamanho que o coeficiente de difusão de translação de partículas esféricas de 5 nm a

Figura 3.7 Exemplo de limitação da técnica de DLS quando da medição de nanobastões com difusão similar a nanopartículas esféricas.[79]

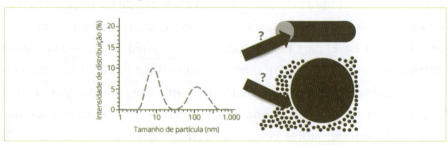

6 nm, enquanto o coeficiente de difusão de translação é o mesmo de partículas esféricas de 75 nm.

Com base em hipóteses sobre o formato das partículas, isso quer dizer que se obtiveram duas conclusões muito diferentes sobre o tamanho e o número de partículas. Claramente, se outras hipóteses forem feitas para partículas de diferentes formatos, como triangulares, por exemplo, outras conclusões podem ser extraídas do mesmo sinal de DLS.

Materiais reais costumam conter partículas de diferentes formatos e tamanhos e outros formatos não regulares (Figura 3.8), o que provoca vários problemas adicionais:[59]

- Muitas vezes, as equações para a geração do sinal são desenvolvidas para apenas determinada forma, em geral, esferas. Mesmo que todas

Figura 3.8 Tipos de nanopartículas de ouro (NPs Au).[80]

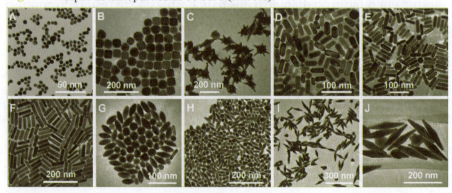

as partículas tivessem o mesmo formato, em muitos casos não é possível calcular os indicadores de tamanho exatos (comprimento, largura, altura) a partir do sinal do equipamento.

- O sinal final é uma combinação das contribuições de muitas partículas com diferentes formas e tamanhos. Mesmo se as equações para a geração de sinal fossem conhecidas para todos os formatos, seria necessário conhecer a forma de cada partícula individualmente para a medição do número total de partículas e para se obter uma distribuição de tamanho que não seja ambígua.

- As propriedades do material que influenciam a geração do sinal são as mesmas para todas as partículas no material. Este pode não ser o caso se, por exemplo, o material consistir de partículas de diferentes densidades ou formatos.

3.4 Monitor de área de superfície de nanopartículas

Monitor de área de superfície de nanopartículas (NSAM – *nanoparticle surface area monitor*) é um instrumento concebido para medir a área de superfície de concentrações de nanopartículas no ar que podem se depositar na região alveolar ou traqueobrônquica do pulmão. O aparelho só pode ser utilizado de forma confiável para nanopartículas cujo tamanho fique entre 20 nm e 100 nm. O limite superior, porém, pode ser estendido para tamanhos de até 400 nm, no qual ocorre o mínimo da curva de deposição; acima deste valor é necessário adaptar um pré-separador (ciclone de separação) para remover as partículas de tamanho superior a 400 nm. As partículas com tamanho inferior a 20 nm não são consideradas um fator crítico, pois costumam contribuir pouco para a área da superfície total.[81] Além das limitações de tamanho, existem potenciais implicações relacionadas a concentrações extremas, até mesmo ao limite de coagulação, ao material que forma as partículas (densidade, composição) e à morfologia da nanopartícula. Esta técnica destina-se à aplicação de inalação de nanopartículas por seres humanos, sendo, portanto, muito útil para estudos de efeitos na saúde humana, exposição ocupacional e pesquisas sobre a toxicologia de aerossóis por inalação. A principal razão para se olhar para a área de superfície da partícula em vez de fazê-lo para a massa das partículas está relacionada à exposição da possível toxicidade que advém da quantidade de partículas estranhas em contato com o tecido humano.

Até o momento, o NSAM só foi calibrado para partículas quase esféricas, e ainda não está claro se pode determinar a área de superfície de aglomerados e agregados ou apenas de esferas de tamanhos equivalentes. A concentração de partículas não parece ser um fator limitante desta técnica, pois altas concentrações (10^6/cm^3) e baixas concentrações na faixa de poucas centenas de

Figura 3.9 Exemplo de equipamento NSAM e método de medição de nanopartículas e sua área superficial.[81,83]

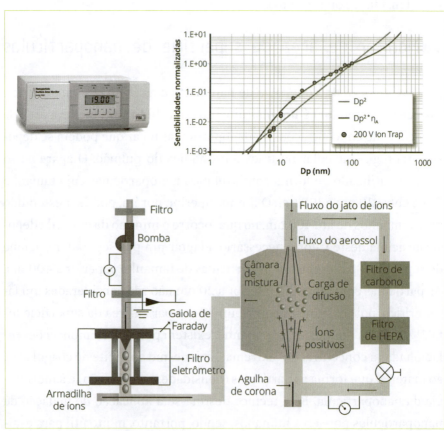

nanopartículas por centímetro cúbico geram resultados confiáveis. Em razão da independência do material de que se compõem as partículas, o NSAM pode medir precisamente a exposição a concentrações de área de superfície.[81]

A limitação do tamanho das partículas abre novas possibilidades para o uso do NSAM, porque as curvas de deposição alveolar, brônquica, nasal e os totais em deposição mostram a mesma tendência para esta faixa de operação e suas proporções são quase constantes. Em razão das proporções constantes, é possível determinar as concentrações da área da superfície depositadas em todas as regiões do aparelho respiratório com base em apenas uma medição individual por meio de fatores de calibração. Se o volume de respiração e a frequência forem conhecidos, uma métrica mais relevante de saúde pode ser obtida, como a dosagem, que pode ser calculada com base na exposição obtida com o NSAM (Figura 3.9).[81]

3.5 Contador de partícula por condensação

Todas as técnicas de contagem automatizada de partículas são limitadas pelo menor tamanho de partícula que pode ser detectada pelo método. Se o tamanho for muito pequeno (< 2,5 nm), pode atingir um ponto em que a luz dispersa é indistinguível do ruído de fundo. O ruído de fundo é semelhante à eletricidade estática e é um subproduto dos aparelhos elétricos. Quando a partícula é demasiadamente pequena para ser distinguida do ruído de fundo, os contadores de partículas especiais usam a condensação para crescê-las para tamanhos maiores, o que permite detecção com maior facilidade. Esses equipamentos são chamados Contadores de Partículas por Condensação (CPC). Esta técnica é apropriada para amostras de aerossóis, porém é necessário conhecer a solubilidade da amostra para garantir que as partículas não se dissolverão no solvente escolhido no condensador.[59] Além disso, a técnica pode ser aplicada para amostras de aerossóis em alta temperatura, como emissões de gases de escapamentos, que chegam à temperatura de 200 °C. Portanto, é comum encontrar equipamentos CPC em versão portátil e até mesmo de mão (Figura 3.10).

Figura 3.10 Exemplo de equipamentos CPC e esquema de funcionamento com gráfico de medição do tamanho de nanopartículas.[82]

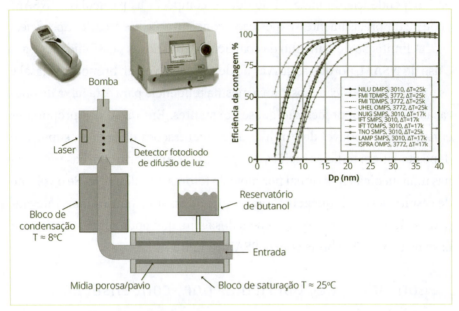

Um CPC contém um reservatório de líquido volátil, como álcool butílico, no qual a amostra de aerossol flui através de uma câmara de vapor de álcool quente, misturando-se com o ar da amostra. Em seguida, a amostra de ar e o fluxo de vapor de álcool fluem através de uma câmara de condensação fria, na qual o vapor de álcool se torna supersaturado e se condensa nas partículas. Deste modo, gotículas microscópicas de álcool podem cercar partículas pequenas, fazendo-as crescer para partículas e/ou gotículas de álcool medindo entre 1 μm a 3 μm, tamanho este que pode ser facilmente detectado.[82]

O projeto do CPC permite que todo o excesso de álcool se difunda nas paredes da câmara de condensação, de modo que as gotículas não sejam acrescentadas na contagem de partículas. Contador óptico de partículas (OPC – *optical particle counter*) é um CPC para a detecção de partículas de menor diâmetro, sendo, portanto, mais complexo e exigindo mais manutenção. O CPC tem algumas desvantagens em relação ao OPC, tais como: exige recarga periódica do reservatório de álcool (além disso, o álcool butílico tem odor desagradável); os equipamentos de álcool não butil usam fluorocarbono líquido, cujo custo é muito elevado; em muitos ambientes (ISO Classe 6 ou mais sujos), um CPC pode detectar muitas partículas e não conseguir fazer a contagem com a velocidade apropriada, gerando erros grosseiros de leitura. Um OPC, ao contrário, pode relatar as informações de tamanho de partícula corretamente, em razão do crescimento artificial de partículas, mas também apresenta dificuldade em diferenciar a contagem da partícula de interesse, como o CPC. Atualmente não existe um método que consiga detectar devidamente a contagem da partícula de interesse em meio às outras partículas.

3.6 Analisador de mobilidade diferencial e escaneamento de mobilidade e tamanho de partícula

O analisador de mobilidade diferencial (DMA – *differential mobility analyser*) classifica partículas carregadas de acordo com sua mobilidade em um campo elétrico. Uma amostra de aerossol é carregada e enviada em um fluxo de ar para dentro de uma câmara onde um campo elétrico pode ser aplicado. A taxa à qual as partículas migram para a extremidade da câmara vai depender da sua mobilidade elétrica. Partículas com a mesma mobilidade elétrica serão do mesmo tamanho; portanto, as partículas podem ser classificadas em diferentes tamanhos, e sua distribuição de tamanho calculada.[59]

Após os tamanhos diferentes de partículas serem classificados, a amostra pode ser colocada em um CPC para encontrar a concentração de cada tamanho de partícula. Esta combinação de técnicas recebe o nome de Medidor Diferencial de Mobilidade (DMPS – *differential mobility sizer*).

Recentes desenvolvimentos no uso de DMA para a caracterização de nanopartículas incluem a melhoria do radial DMA. Essa variação na técnica é relatada como melhoramento das medições em 1 nm a 13 nm. Também houve alguns avanços nos esforços para escalonar a técnica de DMA para fluxos elevados de até 90 l/min, a fim de trazer a técnica para uso em situação industrial, na produção em larga escala de nanomateriais.[83,84]

A técnica de escaneamento de mobilidade e tamanho de partícula (SMPS – *scanning mobility particle sizer*) utiliza um CPC para estabelecer a distribuição de tamanho de partículas em uma amostra de aerossol. No SMPS, um classificador eletrostático é combinado com um CPC, no qual as partículas são separadas por tamanho, de modo que a amostra se torna um aerossol monodisperso (com partículas de mesmo tamanho, forma e massa). SMPS e DMA são técnicas úteis para aplicações de aerossol e nanotecnologia, bem como para a medição do ar, para determinar a poluição do ar ou a exposição do profissional no manuseio, manipulação e produção de nanomateriais (Figura 3.11).

Figura 3.11 Exemplo de equipamentos DMA e SMPS e esquema de funcionamento da coluna de DMA.[83,84]

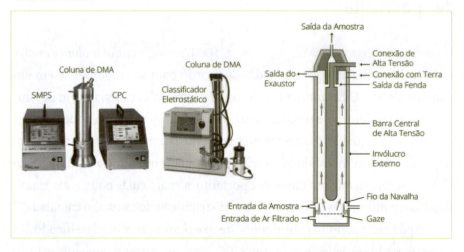

3.7 Análise do rastreamento de nanopartículas

Análise do rastreamento de nanopartículas (NTA – *nanoparticle tracking analysis*) é uma técnica revolucionária que fornece a informação de tamanho individual de partícula de 10 nm a 2000 nm diâmetro hidrodinâmico, distribuição de tamanho e uma vista em tempo real das nanopartículas na amostra em meio aquoso. O monitoramento em tempo real provê informação vital a respeito da cinética de agregação de nanopartículas, proteínas e outras moléculas orgânicas.[85] A amostra é colocada em suspensão em um recipiente com fundo opticamente opaco e é varrida por um laser que permite a visualização direta do movimento das nanopartículas por meio de um microscópio ótico, enquanto uma câmera digital registra o movimento das nanopartículas observadas e um software calcula um gráfico da distribuição de frequência de tamanho.[86] NTA é uma técnica poderosa, que complementa a caracterização DLS, e particularmente valiosa para a análise de partículas polidispersas e nanomateriais e NOAAs (Figura 3.12).

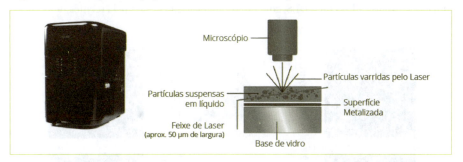

Figura 3.12 Exemplo de equipamento NTA NS300 e esquema de funcionamento.[85]

A observação direta do movimento de partículas e de seu comportamento de dispersão oferece uma riqueza de informações que vai além do tamanho das partículas, gerando também a concentração em base a números de partículas por mL. Essas observações em tempo real validam as distribuições de tamanho relatadas na literatura e fornecem uma visão instantânea da polidispersão e do estado de agregação. A mensuração consome apenas alguns minutos (no mínimo, 30 segundos), permitindo uma análise de alta qualidade da quantificação de mudanças baseadas no tempo e na cinética de agregação de nanomateriais.

Apesar de os métocos DLS e NTA usarem difusão dinâmica de luz para mapear o movimento browniano das nanopartículas, o NTA difere significativamente do DLS, pois as medidas deste baseiam-se na intensidade de dispersão da amostra como um todo, enquanto no NTA a mensuração da difusão da partícula é direta, partícula por partícula.[86]

O NTA mede os coeficientes de difusão de partículas individuais e constrói uma distribuição de partículas de cada vez, podendo ser comparado com um conjunto de medições da intensidade de espalhamento de luz combinado de uma população de partículas. Em vez de apresentar uma curva ideal conduzida por uma variedade de hipóteses, os resultados são um verdadeiro NTA de alta resolução de distribuição de tamanho de partícula. Esta abordagem, portanto, é especialmente importante para a caracterização de sistemas polidispersos complexos (Figura 3.13).

Figura 3.13 Comparação do cálculo da distribuição de tamanho de nanopartículas em uma amostra usando NTA e DLS, com ênfase na precisão obtida pela técnica de NTA[86].

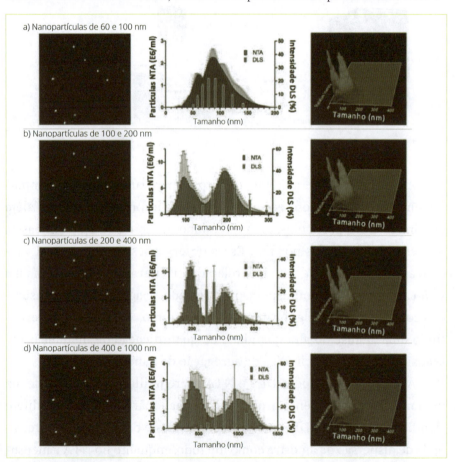

COMO MEDIR AS PROPRIEDADES DE NANOMATERIAIS **91**

3.8 Difração por raios X

A técnica de difração por raios X (XRD – *X-ray diffraction*), ou difração de pó, pode ser usada para determinar a cristalinidade de nanomateriais. A amostra deve ser moída em grãos pequenos, em forma de pó; no entanto, no caso de amostras de materiais moles, o processo de moagem pode danificar estruturalmente o material e distorcer o resultado da medição. O método consiste na emissão de um feixe de raios X na amostra, a forma como este feixe é espalhado pelos átomos no percurso dos raios gera informação sobre a estrutura cristalina do material. O espalhamento dos raios X sofre interferência construtiva de uns com os outros, respeitando a Lei de Bragg, permitindo que se determinem várias características do material cristalino ou policristalino. As medições são feitas em angströms: (1 Angström = 0,1 nm). O uso de XRD é, muitas vezes, comparado com as técnicas de microscopia. Esta técnica evita problemas de subamostras, assim como informação dos cristais que formam a amostra; no entanto, pode ser demorada e requerer um grande volume de amostra.[59]

Nanomateriais de pó cristalino mostram amplos picos de difração de raios X (mas também de elétrons) em razão do tamanho limitado dos cristais de difração. Três principais abordagens aparecem como métodos padronizados para se explorar o alargamento dos picos de XRD em termos de tamanho dos grãos, a saber:

¬ *Fórmula de Scherrer:* O uso desta fórmula para interpretar espectros de difração de raios X continua a ser uma técnica popular para a estimativa dos grãos e a análise granulométrica de pós cristalinos, tanto na academia como na indústria.[87] Existem outros métodos que melhoram a técnica padrão, evitando as diferenças na forma dos picos provenientes de contribuições instrumentais e da própria amostra, que criam artefatos não corrigíveis por meio da equação de Scherrer. A análise de *Williamson-Hall* (WH) é a mais adequada para discriminar os efeitos de tamanho do grão e de microtensão.

Os parâmetros de tamanho extraídos da análise WH são sempre maiores que os dos grãos reais, embora menores que os obtidos a partir da equação de Scherrer.

¬ *Análise de Warren-Averbach-Bertaut (WAB):* Esta é uma abordagem mais segura, que consiste de uma análise de Fourier do perfil do pico que fornece não apenas uma medida do tamanho dos grãos, mas também seu formato, as microtensões e as distribuições. Os tamanhos reais dos grãos são obtidos a partir da decomposição dos coeficientes de Fourier, em conjunto com suas microtensões e anisotropias. Grãos finitos atuam como efeitos de truncamento de Fourier, ou seja, os truncamentos revelam o número dos planos de difração para uma determinada direção. As distribuições de tamanhos e de microtensões são medidas pelas derivadas de segunda ordem dos coeficientes de Fourier.[87] Tais tamanhos são sempre iguais ou menores que o tamanho dos domínios cristalinos ou o dos grãos visíveis em imagens de microscopia. A análise de WAB não sofre das limitações de geometria anteriores, porque incorpora uma calibração limpa intrínseca. No entanto, esta técnica foi praticada originalmente em perfis de pico individuais, o que não é fácil aplicar para os diagramas de difração de pó nanocristalino em razão das fortes sobreposições de pico que podem ser reforçadas em amostras polifásicas (Figura 3.14).

¬ *Análise de Rietveld:* Esta é uma abordagem mais avançada para a montagem dos espectros de difração de pó que combina as contribuições da estrutura cristalina, frações de volume, defeitos cristalográficos (a partir de 0D, com vacâncias atômicas, e para 3D, com tamanhos limitados) e outros materiais e parâmetros instrumentais para simular os espectros de difração medidos. Em contraste com a análise de WAB, a de Rietveld para tamanhos de grãos não necessita de etapas de deconvolução de pico, uma vez que os processos de comparação entre os diagramas experimentais e simulados são reforçados por meio de estratégias de refinamento (por exemplo, de

Figura 3.14 Exemplo de equipamento XRD, esquemático de funcionamento e análise de tamanho por intensidade de difração de raios X.[88]

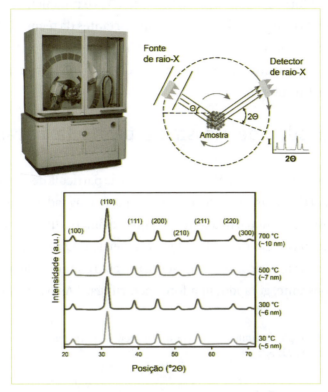

mínimos quadrados). Utiliza-se somente a convolação de todos os efeitos visíveis pela difração, um procedimento muito menos sujeito a artefatos que a deconvolução.[87]

Convém citar que os diagramas de difração de pó, mesmo os gerados pela análise de Rietveld, podem sofrer de orientações preferenciais de grãos, estratificação, tensões residuais etc., ou seja, a determinação do tamanho depende de todos estes fatores.[89] A metodologia mais avançada para se tratar desses aspectos e que funciona também para amostras pré-fabricadas é o chamado Método de Análise Combinada. A maioria dos softwares necessários está disponível gratuitamente na internet e é amplamente utilizada no mundo inteiro. Todos os instrumentos comerciais fornecem dados que podem ser analisados a partir desses softwares livres, que também fornecem tipos de análises por lotes e tratamentos de rotina.[59]

Há ainda uma série de limitações importantes da técnica XRD, como a incapacidade de se analisar amostras não cristalinas e distinguir entre cristais ou subestruturas intracristalinas de partículas primárias ou partículas constituintes.

3.9 Analisador de massa de partícula de aerossol

A técnica de medição do analisador de massa de partícula de aerossol (APM – *aerosol particle mass analyzer*) classifica partículas individuais de aerossol composto de nanopartículas de qualquer diâmetro hidrodinâmico com base na sua massa em razão da carga de superfície. O equipamento utiliza dois eletrodos cilíndricos rotativos sobre um eixo comum a uma velocidade angular constante, gerando uma força centrífuga.[90] As partículas carrega-

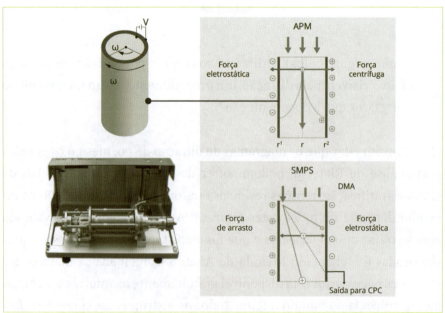

Figura 3.15 Exemplo de equipamento APM e esquema de funcionamento e comparação com a técnica de SMPS.[90]

das são inseridas na fenda anular, que possui a mesma velocidade rotacional dos eletrodos, na qual experimentam as forças centrífuga e eletrostática, que são diretamente opostas, e a massa da partícula pode ser calculada a partir do balanço dessas forças. Como as forças estão em equilíbrio, permitem que somente partículas com razão massa-carga específica atravessem o cilindro, assim classificando as partículas pela sua massa intrínseca. Vale ressaltar que este método é independente de tamanho, formato e orientação da partícula ou de propriedades do gás circundante (Figura 3.15).

3.10 Método Brunauer, Emmett e Teller

O método chamado Brunauer, Emmett e Teller (BET) costuma ser utilizado para determinar a área de superfície total. A área superficial específica das partículas é a soma das áreas das superfícies expostas das partículas por unidade de massa. Existe uma relação inversa entre o tamanho da partícula e sua área de superfície. A adsorção de nitrogênio, gás inerte, pode ser utilizada para medir a área de superfície específica de um pó. Se as partículas forem consideradas esféricas e com distribuição de tamanho estreita, sua área de superfície específica provê a média de seu diâmetro em nanometros usando a fórmula $D_{BET} = 6000/\eta s$, onde s é a área superficial específica em m^2/g e η é a densidade teórica do fluido usado na medição em g/cm^3.[91] Se as partículas não estiverem ligadas muito fortemente, o gás conseguirá acessar grande parte da área superficial do pó e apresentar uma mensuração muito precisa do tamanho da partícula, independente do grau de aglomeração, determinando o tamanho das partículas primeiras, as quais constituem o nanomaterial. Para uma medição correta é preciso remover todo e qualquer gás existente no nanomaterial, um processo chamado *Outgassing*. Tomadas as devidas providências, esta técnica fornece um valor muito próximo do tamanho de partícula, como o obtido por microscopia eletrônica (Figura 3.16).

A formação de monocamadas de moléculas gasosas na superfície da nanopartícula é utilizada para determinar a área superficial específica,

Figura 3.16 Exemplo de equipamento BET, esquema de funcionamento e análise da área superficial específica.[92]

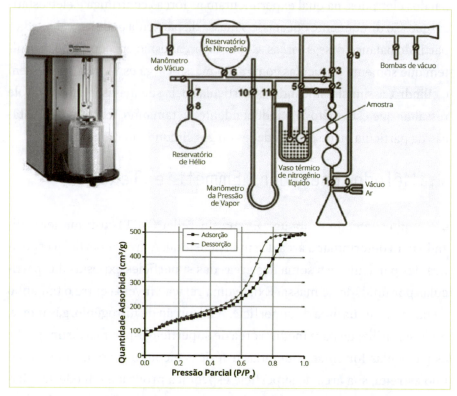

enquanto o princípio da condensação capilar pode ser utilizado para avaliar a presença de poros, o volume destes e a sua distribuição de tamanho. Para que a medida tenha a precisão necessária, a amostra deve ser pré-tratada a uma temperatura elevada, sob vácuo ou fluxo de gás, de modo a remover quaisquer contaminantes.

Existem portanto duas técnicas distintas que podem ser realizadas com o equipamento BET:

¬ *Técnica de fluxo:* Utiliza um detector de condutividade térmica para obter informação sobre a quantidade de gás adsorvido, resultando em uma área de superfície específica BET e/ou o volume total de poros.

¬ *Técnica volumétrica:* Fornece mais informações, uma vez que muitos pontos de adsorção e/ou dessorção são medidos, proporcionando uma função isotérmica completa, com informações sobre a área superficial BET, o volume dos poros e a sua distribuição de tamanho.

3.11 Difusão por raios X de baixo ângulo

A técnica de difusão por raio X de baixo ângulo (SAXS – *small-angle X-ray scattering*) fornece resultados representativos para toda a amostra e ainda complementa os resultados da técnica de microscopia eletrônica com significância estatística, pois esta provê apenas informação local e focal de um único ponto da amostra, o que pode não ser representativo para toda a amostra. Uma vantagem importante da SAXS em relação à EM é que a técnica requer a preparação de um mínimo de amostra, o que reduz o risco de as estruturas de interesse serem destruídas antes mesmo de estudadas. Outro benefício está no fato de ser possível analisar as amostras em seu ambiente natural, o que facilita o estudo das funções biológicas e dos processos metabólicos. O método consiste em irradiar raios X através da amostra e capturar o padrão de difusão das nanoestruturas em um detector de raios X (Figura 3.17).[93]

Os raios X podem ser detectados em ângulos diferentes, sendo a SAXS caracterizada por utilizar ângulos pequenos ($< 10° 2\theta$) para medir nanoestruturas de 1 nm a 200 nm. Para ângulos maiores ($> 10° 2\theta$) existe a técnica de difusão por raios X de ângulo ampliado (WAXS – *wide-angle X-ray scattering*), que é utilizada para medir as treliças de cristais em nível atômico. A WAXS também é conhecida como difração de pó (XRD).[94]

Em medições de SAXS, uma grande fração da amostra é irradiada ao mesmo tempo, de modo que o padrão de dispersão constitui sempre uma estatística do valor de todas as nanoestruturas irradiadas e, assim, a informação estrutural real do tamanho e da forma das nanoestruturas. Os

Figura 3.17 Exemplo de equipamento SAXS, esquema de funcionamento e análise para a análise de nanoestruturas.[94]

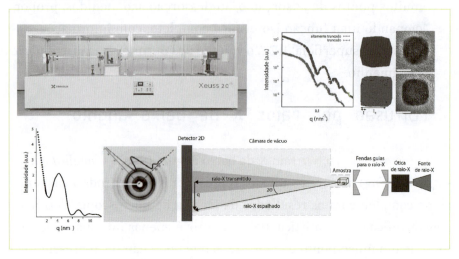

parâmetros mais importantes obtidos por meio desta técnica são forma, tamanho e distribuição de tamanho, e estrutura interna: estrutura (partículas *core-shell*), porosidade (proporção em volume da superfície) e orientação e cristalinidade de nanoestruturas (cristais líquidos).[94]

Recentemente, duas novas técnicas baseadas em SAXS estão se tornando importantes: as chamadas GISAXS e BioSAXS. O método de incidência rasante de SAXS (GISAXS – *grazing-incidence* SAXS) é utilizado para caracterizar superfícies que apresentam estruturas na escala nanométrica. Em contraste ao SAXS, que depende da transmissão de raios X, e como o nome da técnica indica, o GISAXS analisa a incidência rasante dos raios X na superfície ou muito perto dela, tornando-se uma ferramenta indispensável para se analisar filmes finos nanoestruturados ou partículas depositadas em substratos.[95] O método BioSAXS, por sua vez, permite a análise da estrutura de amostras biológicas, como proteínas, enzimas, DNA e outras organelas, com a exclusiva vantagem de estas serem estudadas em condições naturais em meio biológico. A técnica provê informação estrutural completa de baixa resolução de uma proteína ou de um complexo de proteínas, permitindo a

Figura 3.18 Exemplo de mensuramento GISAXS e BioSAXS.[95,96]

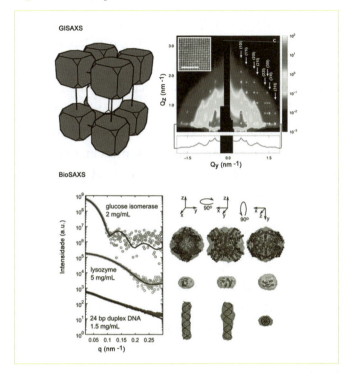

reconstrução de estruturas 3D em solução. Trata-se, portanto, de um método muito importante e complementar à cristalografia de proteínas por espectroscopia por ressonância magnética nuclear (NMR – *nuclear magnetic resonance spectroscopy*), que provê informações de alta resolução de proteínas. A Figura 3.18 demonstra as duas técnicas e seus resultados de medição.[96]

A maioria dos estudos com SAXS foi realizada usando estações dedicadas em *beamlines* (linhas de luz) de Síncontron, como a estrutura do Laboratório Nacional de Luz Síncrotron (LNLS). Essas linhas de raios de luz possuem uma intensa fonte de raios X, o que reduz o tempo necessário para se analisar uma amostra. No entanto, há grandes desvantagens em relação a equipamentos de laboratório, como o agendamento e a alocação da *beamline*, pois tem-se que lidar com a demora decorrente da fila de espera e com o fato de a amostra ter de estar pronta e em perfeito estado para ser medida, uma vez que o intervalo de tempo para as medições é típico e fortemente restringido. Recentemente, equipamentos SAXS para laboratórios vêm tendo importância significativa, pois a qualidade e a performance de fontes de raios X de laboratório associadas a sistemas de colimação sem difusão e novos detectores de raios X estão reduzindo o tempo de mensuração em até 30 minutos. Portanto, uma vasta gama de amostras pode ser analisada com o método SAXS, como nanopartículas, proteínas em solução, superfícies nanoestruturadas, polímeros e fibras em condições de tensão, e até mesmo estudos com variações de temperatura.[96]

3.12 Espectroscopia de Raman

Espectroscopia de Raman é uma técnica espectroscópica para avaliação e quantificação precisas de estruturas químicas em amostras com base na difusão inelástica de luz monocromática, geralmente a partir de uma fonte de laser. O fenômeno de difusão inelástica determina a frequência dos fótons em mudanças de luz monocromática sobre interação com a amostra. Os fótons da luz do laser são absorvidos pela amostra e, em seguida, reemitidos. A frequência do fóton reemitido é deslocada para cima ou para baixo, em comparação com a frequência monocromática original, que é chamada de efeito Raman. Os deslocamentos de frequência fornecem informações sobre moléculas quanto a transições de baixa frequência vibracional, rotacional e outros modos. A amplitude de vibração é chamada deslocamento nuclear, em que uma luz laser monocromática com frequência conhecida v_0 excita as moléculas e as transforma em dipolos oscilantes que emitem luz em três diferentes frequências de ressonância (Figura 3.19):[97]

¬ *Difusão elástica de Rayleigh:* Uma molécula sem ativação por Raman absorve um fóton com frequência conhecida v_0. A molécula excitada retorna ao estado de vibração básica e emite luz com mesma frequência v_0 como fonte de excitação.

- *Difusão de Stokes:* Um fóton com frequência v_0, em estado de vibração básica e ativado por Raman, é absorvido pela molécula. Parte da energia do fóton é transferida para o modo de Raman ativo, com uma frequência v_m, e a frequência resultante da difusão da luz é reduzida em $v_0 - v_m$.
- *Difusão anti-Stokes:* Um fóton com frequência v_0, em estado de vibração excitada e ativado por Raman, é absorvido pela molécula. A energia excedente do modo de Raman ativo é liberada, a molécula retorna ao estado de vibração básica e a frequência resultante da difusão da luz é aumentada em $v_0 - v_m$.

A grande maioria dos fótons incidentes produz efeito espontâneo de Raman ou difusão elástica de Rayleigh. Como este tipo de sinal é inútil para fins de caracterização molecular, apenas a minoria dele produz o resultado desejado com frequências do tipo Stokes e anti-Stokes. Existem algumas limitações quanto à fluorescência de impurezas e ao aquecimento da amostra, que podem esconder o espectro de Raman, e, em último caso, o calor pode destruir a amostra.

Figura 3.19 Esquema da espectroscopia de Raman e os tipos de frequências de ressonância.[97]

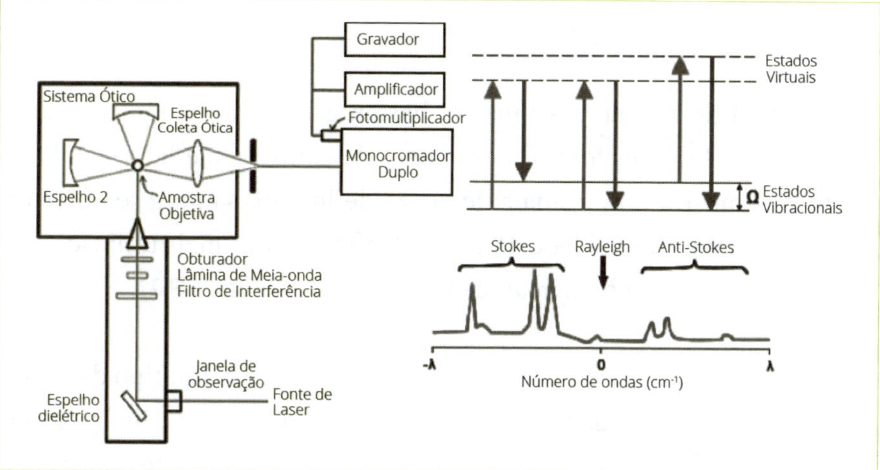

É necessário, portanto, adotar medidas especiais para garantir um espectro de Raman de alta qualidade, assim como que as impurezas não escondam o sinal, e, também, filtrar o sinal espontâneo de Raman (difusão elástica de Rayleigh), utilizando filtro rejeita-faixa, filtros ajustáveis, abertura ótica para laser e outros mecanismos de controle de sinal, a fim de garantir um espectro de Raman de alta qualidade. A espectroscopia de Raman pode ser usada para estudar amostras sólidas, líquidas e gasosas, podendo ser encontrada em equipamentos de bancada e de mão, como se vê na Figura 3.20. No entanto, esta técnica não pode ser usada para a análise de metais e ligas metálicas.

Figura 3.20 Exemplos de equipamentos de espectroscopia de Raman e gráficos de análise de materiais carbonosos.[98,99]

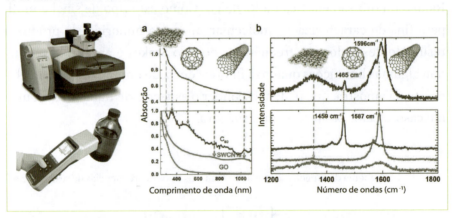

O sinal de Raman costuma ser bastante fraco, de modo que foram inventadas diferentes formas de preparo de amostra, melhoria da iluminação da amostra ou mesma a detecção de luz difusa para se obter um sinal com maior intensidade. Destas modificações, as mais utilizadas são as seguintes, que também aparecem ilustradas na Figura 3.21:[98,100]

- *Raman estimulado (SRS – Stimulated Raman):* É um tipo de espectroscopia não linear que utiliza um pulso muito forte de laser com campo elétrico $> 10^9$ V cm^{-1} e que transforma até 50% de toda a energia do pulso do laser em um feixe coerente em frequência de Stokes. Este feixe de Stokes é unidirecional com o feixe de laser incidente, de forma que somente o modo de frequência que for mais forte no espectro de Raman regular é amplificado. A frequência de Stokes torna-se tão forte, que gera uma segunda linha que atua como forte excitação secundária, gerando uma terceira linha, e assim por diante. Em geral, este tipo de Raman possui de quatro a cinco ordens de magnitude de melhoramento do sinal de Raman.

¬ *Raman anti-Stokes coerente (CARS – coherent anti-Stokes Raman):* Este é outro tipo de espectroscopia não linear que, em vez de utilizar um laser, usa dois lasers colineares muito fortes, irradiados diretamente na amostra. A frequência do primeiro laser costuma ser constante, enquanto a do segundo pode ser sintonizada de forma que a diferença existente entre ambos seja igual à frequência de um modo de Raman ativado de interesse. Com o método CARS obtém-se um

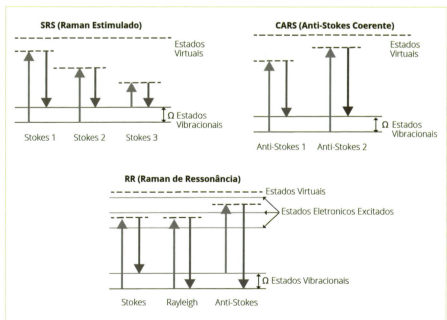

Figura 3.21 Modificações comuns para amplificar o sinal de Raman.[100]

único e forte pico de Raman de interesse, resultando um sinal forte de frequência anti-Stokes.

¬ *Raman de ressonância (RR – Resonance Raman):* Aplica-se esta modificação em situação em que existam amostras com substâncias coloridas que possam absorver a luz do laser e gerar fluorescência excessiva, contaminando o espectro de Raman. A ressonância existe quando a frequência do laser de excitação é escolhida de forma a cruzar com as frequências de estados eletrônicos excitados. A intensidade do Raman origina-se das transições desses estados eletrônicos excitados, aumentando de três a cinco vezes a ordem de magnitude do sinal, melhorando o sinal do grupo cromofórico, que é responsável pela cor da molécula.

DIRETRIZES E ORIENTAÇÕES

◇ Utilizar o método que melhor se adapte ao tipo de nanomaterial a ser medido quando não houver a "melhor opção":

Técnica	Medição	Sensibilidade	Condições ambientais	Preparo da amostra
Microscópio eletrônico de medição (MET/TEM/ HRTEM)	Tamanho de partícula e caracterização da superfície (topologia, morfologia etc.).	≤ 1 nm	Feixe de elétrons de alta energia e atmosfera da câmara de alto vácuo.	Filmes finos, de 30 nm a 50 nm, com um máximo de 100 nm ou uma espessura que seja transparente a elétrons.
Microscópio eletrônico de varredura (E-TEM)	Tamanho de partícula e caracterização da superfície (topologia, morfologia etc.).	≤ 1 nm	Feixe de elétrons de alta energia e baixa pressão e atmosfera gasosa convencional (N_2, O_2, Ar).	
Microscópio eletrônico de varredura (MEV/SEM)	Tamanho de partícula e caracterização da superfície (topologia, morfologia etc.).	≤ 1 nm	Feixe de elétrons de alta energia e atmosfera da câmara de alto vácuo.	Eletricamente condutiva na superfície ou revestido por borrifação.
Microscópio de força atômica (AFM)	Tamanho de partícula e caracterização da superfície (topologia, morfologia etc.).	1 nm a 8 μm	Atmosfera de ar, líquidos e gases.	Rígida e bem distribuída no substrato, que deve ter rugosidade inferior à do nanomaterial que estiver sendo medido.
Difusão dinâmica de luz (DLS)	Média de tamanho e distribuição de tamanho.	1 nm a 10 μm	Em meio líquido.	A amostra deve conter nanoestruturas quase esféricas com viscosidade conhecida, estar em solução líquida ou em suspensão muito bem diluída com viscosidade conhecida.

Técnica	Medição	Sensibilidade	Condições ambientais	Preparo da amostra
Monitor de área de superfície de nanopartícula (NSAM)	Área de superfície de nanopartículas depositadas em pulmão humano.	≤ 10 nm	Em forma de aerossol e/ou pó.	Conter nanopartículas quase esféricas.
Contador de partícula por condensação (CPC)	Número de concentração de partículas.	2,5 nm até 3 μm	Em forma de aerossol e/ou pó.	Conter nanopartículas > 2,5 nm de raio hidrodinâmico para que o sinal não seja confundido com eletricidade estática, subproduto de aparelhos elétricos.
Analisador de mobilidade diferencial (DMA)	Distribuição de tamanho de partícula.	≤ 3 nm	Em forma de aerossol e/ou pó.	Conter nanopartículas com diâmetro hidrodinâmico a partir de 1 nm.
Escaneamento de mobilidade e tamanho de partícula (SMPS)		3 nm a 1μm		
Análise de rastreamento de partículas (NTA)	Tamanho e distribuição de tamanho de partícula, panorama em tempo real da cinética de agregação e aglomeração.	10 nm a 2μm	Em meio líquido.	Diluída em líquido.
Difração por raios X (XRD)	Tamanho de partícula, cristalinidade, tamanho dos grãos, formato, microtensões, anisotropias e distribuições.	≤ 1 nm	Em forma de pó.	> 1 mg de massa moída em grãos pequenos em forma de pó.
Analisador de massa de partícula de aerossol (APM)	Massa da partícula.	30 nm a 580 nm	Em forma de aerossol e/ou pó.	Nanopartículas de qualquer diâmetro.

COMO MEDIR AS PROPRIEDADES DE NANOMATERIAIS

Técnica	Medição	Sensibilidade	Condições ambientais	Preparo da amostra
Método BET	Tamanho de partícula, área de superfície total e tamanho de poros e distribuição de tamanho de poros.	> 2 nm	Em forma de aerossol e/ou pó.	Remover todos os gases da amostra (Outgassing)
Difusão de raios X de baixo ângulo (SAXS)	Tamanho e distribuição de tamanho de partícula, estrutura interna, porosidade, orientação e cristalinidade.	1 nm a 200 nm	Sólido, líquido ou gás em ambiente natural da amostra.	Garantir monodispersidade (prevenir qualquer tipo de agregação).
Espectroscopia de Raman (Raman)	Estrutura química e quantificação de estruturas.	Sem limite de tamanho.	Sólido, líquido ou gás em ambiente natural da amostra.	Não é necessário. Não utilizar com metais e ligas metálicas.

BOAS PRÁTICAS

◊ A microscopia eletrônica é considerada por muitos o método de referência para a análise do tamanho das nanopartículas. As imagens geradas por este método, em conjunto com outras técnicas, possibilitam melhor entendimento das propriedades nano. No entanto, esta técnica possui um processo de captura e geração de imagens lento e tem alto custo de operação e manutenção.

◊ Utilize a microscopia eletrônica:

- Microscopia eletrônica de transmissão de alta resolução (HRTEM) – Possui maior resolução, beneficiando mais ainda a informação de amostras em nanoescala; no entanto, requer que se compreenda a amostra para que se possa interpretar os resultados, como o contraste de fase, o que dificulta a interpretação das informações e restringe seu uso.
- Microscopia eletrônica de transmissão (E-TEM) – Permite realizar análises *in situ*, utilizando uma atmosfera gasosa convencional (N_2, O_2, Ar).

- Microscopia eletrônica de varredura (SEM/MEV) – Esta abordagem, que também pode restringir os tipos de amostras a serem analisadas, possui o mesmo problema do TEM, ou seja, tem custo elevado e consome muito tempo para realizar uma análise.

É possível utilizar a microscopia de força atômica (AFM), técnica que pode ser aplicada para amostras submetidas a atmosfera de ar, líquidos e gases de três modos básicos para se ter uma visualização completa da superfície em 3D do nanomaterial:

- Modo de contato (*contact mode*) – A ponteira tem amplitude de deflexão constante, tocando mecanicamente a amostra, de forma a varrer a superfície e registrar topologia. Se a amostra for mais mole que a ponteira, esta entra em modo de litografia e danifica a superfície, removendo o material do local onde a ponteira tocou.
- Modo sem contato (*non-contact mode*) – A ponteira possui deflexão livre, oscilando em frequência de ressonância, mas sua amplitude é mantida constante. Como a ponteira não toca a amostra, este modo de operação depende exclusivamente das forças de van der Waals (forças fracas de superfície), que restringem a deflexão da ponteira.
- Modo de contato intermitente (*tapping mode*) – A ponteira possui restrição de amplitude em torno de 50% a 60% para gerar deflexões de tamanho bem definido, a fim de produzir imagens com o menor dano possível e de alta resolução.

Seja cauteloso com as ponteiras do AFM, pois estas acumulam sujeira facilmente em razão do contínuo contato mecânico com as amostras, o que, além de dificultar a geração precisa das imagens, ainda pode danificá-las caso o operador aplique uma força desproporcional quando estiver varrendo a amostra.

Utilize a difusão dinâmica de luz (DLS), a tecnologia mais comum para se obter o tamanho e a distribuição de tamanho de nanopartículas quase esféricas em meio líquido.

- Não utilize o método DLS para mensurar partículas não esféricas, como bastões, estrelas, cubos e outros. Como a técnica depende do coeficiente de difusão, pode ocorrer medição de valores similares para geometrias diferentes de partículas.

Utilize o monitor de área de superfície de nanopartículas (NSAM) para estudar aerossóis e nanopós com partículas quase esféricas em relação aos efeitos na saúde humana, exposição ocupacional e toxicologia por

COMO MEDIR AS PROPRIEDADES DE NANOMATERIAIS **109**

inalação. O NSAM mede com certa precisão a exposição a concentrações de área de superfície.

- Utilize os contadores de partículas:

  - Contadores de condensação de partículas (CPC) – Para amostras de aerossóis em geral e de alta temperatura (200 °C). Nesta técnica, é preciso conhecer a solubilidade da amostra para garantir que as partículas não se dissolverão no solvente escolhido no condensador.
    - Analisador de mobilidade diferencial (DMA) e escaneamento de mobilidade e tamanho de partícula (SPMS) – Métodos para classificação de partículas de diferentes tamanhos e cálculo da distribuição de tamanho.
  - Para melhor medição, as técnicas DMA e SPMS são utilizadas em conjunto com o método CPC.

- Utilize a análise do rastreamento de nanopartículas (NTA), técnica de alta resolução para mensurar a distribuição de tamanho e obter um panorama em tempo real de nanopartículas em meio aquoso, que consome apenas alguns minutos (no mínimo, 30 segundos). Com esta técnica, o monitoramento em tempo real provê informação vital a respeito da cinética de agregação e da aglomeração de nanopartículas, proteínas e outras moléculas orgânicas.

  - Utilize o NTA em conjunto com o DLS para a análise de sistemas polidispersos complexos. A mensuração permite uma análise de alta qualidade da quantificação de mudanças com base no tempo e na cinética de agregação de nanomateriais.

- Utilize a técnica de difração por raios X (XRD) para determinar a cristalinidade de nanomateriais cujas medições são feitas em angströms (1 Angström = 0,1 nm). Esta técnica evita problemas de subamostras, assim como informação dos cristais que formam a amostra; no entanto, pode ser demorada e requer grande volume de amostra. Existem alguns métodos de análise de XRD que proporcionam melhores informações:

  - Análise de Williamson-Hall (WH): é a mais adequada para discriminar os efeitos do tamanho do grão e dos efeitos de microtensão.
  - Análise Warren-Averbach-Bertaut (WAB): consiste de uma análise de Fourier do perfil do pico, que fornece uma medida dos tamanhos, formatos, microtensões, anisotropias e distribuições dos grãos.
  - Análise de Rietveld: é uma abordagem mais avançada para a montagem dos espectros de difração de pó.

◊ A técnica XRD possui algumas limitações, como a incapacidade de analisar amostras não cristalinas e de distinguir entre cristais ou subestruturas intracristalinas de partículas primárias ou de partículas constituintes.

◊ Para analisar as informações obtidas por XRD utilize os *softwares* disponíveis gratuitamente na internet, pois todos os instrumentos comerciais fornecem dados que podem ser analisados usando esses *softwares* livres, que também fornecem tipos de análises por lotes e tratamentos de rotina.

◊ Utilize a técnica de medição do analisador de massa de partícula de aerossol (APM) para classificar partículas individuais de aerossol com base em sua massa em razão da carga de superfície. Importante ressaltar que este método independe de tamanho, formato, orientação de partícula ou de propriedades do gás circundante.

◊ Utilize o método Brunauer, Emmett e Teller (BET) para determinar a área de superfície total, a porosidade e o tamanho de nanopartículas. Esta técnica provê um valor muito próximo de tamanho de partícula que se obtém por microscopia eletrônica. Existem duas formas de utilizar a técnica de BET:

- Técnica de fluxo – Utiliza um detector de condutividade térmica para prover informação sobre a quantidade de gás adsorvido, resultando uma área de superfície específica BET e/ou o volume total de poros.
- Técnica volumétrica – Fornece mais informações, uma vez que muitos pontos de adsorção e/ou dessorção são medidos, proporcionando uma função isotérmica completa com informações sobre a área superficial BET, o volume de poros e a distribuição de tamanho dos poros.

◊ Utilize o método de difusão de raios X de baixo ângulo para analisar amostras em seu ambiente natural, obtendo informações como tamanho e distribuição de tamanho e estrutura interna: estrutura (partículas core-shell), porosidade (proporção em volume da superfície) e orientação e cristalinidade de nanoestruturas (cristais líquidos).

◊ Utilize o método de incidência rasante de SAXS (GISAXS) para caracterizar superfícies que apresentam estruturas na escala nanométrica como filmes finos nanoestruturados ou partículas depositadas em substratos.

◊ Utilize o método BioSAXS para analisar a estrutura de amostras biológicas, como proteínas, enzimas, DNA e outras organelas, e obter a reconstrução de estruturas 3D em solução com a exclusiva vantagem de serem estudadas em condições naturais.

◊ Utilize a espectroscopia de Raman para a avaliação e a quantificação precisas de estruturas químicas em amostras.

◊ Utilize a espectroscopia de Raman de ressonância (RR) para a avaliação e a quantificação de amostras com moléculas coloridas.

Capítulo 4

Como caracterizar exposição e perigo

4.1 Rotas de exposição

Existe uma grande diversidade de nanomateriais e o entendimento de que nanoformas diferentes com a mesma composição química podem ter propriedades toxicológicas diferentes; portanto, é preciso que novas abordagens sejam encontradas para se avaliar a toxicidade dos nanomateriais. A segurança de um ingrediente é baseada, em parte, no potencial de exposição e nas rotas relevantes de exposição, que são determinadas pelo propósito de uso e aplicação final do produto. O caso dos cosméticos elucida muito bem o risco da exposição: a maioria dos produtos cosméticos é aplicada diretamente na pele, alguns podem ser aplicados via aerossol, apresentando o potencial de exposição por inalação, e outros, ainda, podem ser aplicados em áreas que propiciem o contato oral. As evidências científicas sugerem que, além da exposição de tecidos locais via contato dérmico, inalação e rotas orais, os nanomateriais também podem ser absorvidos sistematicamente, criando exposição de outros tecidos e órgãos;[101,102] portanto, para nanomateriais, a capacidade de ingestão de órgãos e de órgãos-alvo secundários deve ser considerada no desenvolvimento e/ou modificação de métodos de testes toxicológicos e na avaliação de dados de testes.[103]

A Figura 4.1 mostra as principais rotas de exposição existentes.

Figura 4.1 Principais rotas de exposição a nanomateriais.[44]

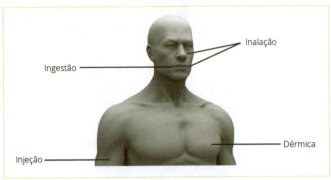

Inalação

Para a inalação de nanomateriais projetados, o alvo mais provável de ser afetado é o pulmão. Há evidências de que nanomateriais inalados têm o potencial de iniciar respostas inflamatórias ou, dependendo da concentração, podem ser fatais.[102] Porém, nem os fatores determinantes de severidade da resposta nem as consequências para a saúde da exposição repetida a longo prazo são ainda completamente entendidos. Estudos epidemiológicos focados nos efeitos da exposição a ar poluído com nanopartículas sugerem que, além do efeito nos pulmões, a inalação de ar contendo altos níveis de nanopartículas torna as pessoas mais sujeitas a sofrer de doenças do sistema cardiovascular; contudo, a relevância desses achados para trabalhadores expostos a nanomateriais é ainda obscura.

Dérmica

Além da inalação, existe o potencial de nanomateriais entrarem em contato com a pele e o trato gastrointestinal em razão da exposição no ambiente de trabalho. Há poucos estudos sobre o efeito de nanomateriais na pele, com exceção daqueles utilizados em produtos cosméticos. Qualquer efeito que surgir como resultado do contato com a pele, em que a própria pele seja considerada uma superfície contaminada, pode expor outras rotas do corpo. O desenvolvimento de métodos conceituais de exposição dérmica vem sendo benéfico para esclarecer algumas dessas questões;[104] porém, mais estudos devem ser realizados para se determinar se as nanopartículas serão absorvidas, agregadas ou aglomeradas na pele.

Ingestão

Em situações ocupacionais envolvendo trabalhos com nanopartículas a ingestão foi pouco estudada, sendo o chumbo um dos poucos materiais que recebeu alguma atenção em relação a essa rota. A remoção de tintas que contêm chumbo pode produzir uma alta exposição por ingestão via contato mão-boca e contaminação de comida em alguns locais de trabalho. Um estudo recente demonstrou que trabalhadores envolvidos no fornecimento, instalação e remoção de andaimes de metal costumam apresentar alto nível de chumbo no sangue como resultado da contaminação das mãos e da ingestão do material, pois as mãos frequentemente entram em contato com a boca,[105] mas nenhuma pesquisa identificou a relação da exposição por ingestão de nanopartículas. Métricas para avaliar a exposição por ingestão de nanopartículas devem ser biologicamente relevantes, e provavelmente medidas pela quantidade de massa ingerida. Até o momento, evidências científicas têm demostrado que área superficial e a reatividade de superfície da

NANOSSEGURANÇA

partícula deverão ser as métricas escolhidas para descrever a reação inflamatória de partículas.

Injeção

Ainda não existem informações suficientes que possam ser utilizadas para gerar conclusões gerais sobre o destino de nanomateriais que entram via injeção de substâncias.

Métodos in vitro e in silico

Os métodos *in vitro* e *in silico* são potenciais fontes alternativas para informação de periculosidade. Até o momento não está claro de que maneira os achados de estudos *in vitro* são relacionados a efeitos em humanos de maneira geral. Normalmente, as doses usadas nesses estudos excedem em muito aquelas a que um humano seria exposto no ambiente de trabalho. Além disso, o teste *in vitro* pode não considerar as mudanças relacionadas à bioatividade dos nanomateriais, que ocorre na passagem deles pelo tecido do corpo até o alvo a ser estudado; portanto, é difícil obter-se conclusões generalizadas de dados de estudos *in* vitro. Também não é claro se todos os modelos computacionais (*in silico*) para prever o comportamento toxicológico são aplicáveis para nanomateriais. Porém, tanto o estudo *in vitro* quanto o *in silico* são ferramentas indispensáveis para ajudar na avaliação de riscos e segurança de nanomateriais.

O método de avaliação *in vitro* permite o estudo de mecanismos de ação e efeitos biológicos de nanomateriais em células e tecidos em condições controladas. Tais estudos podem incluir o uso de células derivadas de uma variedade de fontes, como dos pulmões ou da pele, que podem ser cultivadas em placas ou tubos de ensaio. Outros tipos de sistemas de exposição *in vitro* podem usar seções de tecidos selecionados de animais e humanos. Exemplos de ensaios incluem o estudo de fluxos de difusão em células[106] e modelos de estudo de flexão de pele.[107]

As desvantagens de sistemas de testes *in vitro* é que eles precisam de maior consideração na interpretação dos resultados do estudo, porque os efeitos observados *in vitro* são difíceis de comparar com possíveis efeitos que ocorrem nos sistemas *in vivo*, naturalmente mais complexos, que incluem sistemas de defesa, bem como realimentação e mecanismos de resposta do sistema imune projetadas para lidar com corpos estranhos no corpo – por exemplo, a falta de células imunes e inflamatórias pode contribuir para a resposta de um ataque tóxico *in vivo* a uma grande variedade de mediadores celulares. Outro fato é que sistemas *in vitro* não têm os mecanismos de limpeza e dissolução que normalmente operam em sistemas *in vivo*, o que pode reduzir a quantidade de nanomaterial no sistema e os efeitos observados. Estes são os principais fatores complicadores para se extrapolar os efeitos de dosagem em sistemas *in vitro* relativamente à dosagem de exposição em sistemas *in vivo*. Teeguarden et al. revisaram os aspectos farmacocinéticos, uma abordagem utilizada na farmacologia para se determinar o destino de materiais (substâncias de um remédio) e a forma como serão distribuídos no organismo.[58] Neste caso, eles avaliaram como interpretar os efeitos da dosagem de nanomateriais em células em situação *in vitro*. Com base em propriedades específicas, as nanopartículas podem se difundir, parar e se aglomerar em meio de cultura. O resultado de simples representantes de dosagem, como a quantidade de nanomaterial diretamente adicionado ao sistema *in vitro*, pode ser uma referência inapropriada para a validação de absorção de nanomateriais e de resposta das células em sistemas de teste *in vivo*. Os autores, porém, defendem a proposta de que o uso de farmacocinética em conjunto com dosimetria (relação entre dosagem e resposta observada) pode melhorar a validação das análises toxicológicas de nanomateriais em sistemas *in vitro*. Em geral, os testes são conduzidos *in vitro*, mas já existem algumas poucas soluções *in silico* de modelos matemáticos de difusão, transporte e absorção de substâncias em órgãos.[108]

4.2 Captação e absorção

Como já exposto, alguns nanomateriais têm propriedades físico-químicas únicas, que podem alterar o potencial de toxicidade de um composto; a redução no tamanho da partícula, por exemplo, pode aumentar a habilidade de um composto e de seus constituintes serem absorvidos. Portanto, a avaliação de segurança deve abordar se haverá aumento na captação, absorção, transporte em células, transporte através de barreiras (barreira hematoencefálica), biodisponibilidade ou biodurabilidade alterada. O produtor de nanomateriais deve considerar se existe alguma questão específica de toxicidade relacionada à mudança na estrutura ou atividade; por exemplo, pode haver um aumento na dosagem fornecida para tecidos sensíveis em razão do aumento da habilidade do nanomaterial de passar pela barreira hematoencefálica.[109]

Quanto à propriedade de solubilidade, podemos classificar os nanomateriais em quatro grupos:

1   *Solúveis (hidrofílicos)* – Gostam de água e, portanto, misturam-se facilmente a soluções químicas e à água (nanopartículas de ferro, de prata).

2   *Biodegradáveis* – Desintegram-se em componentes moleculares (sabão, lipossomas, nanoemulsões) em contato com a água ou quando aplicados na pele.

3   *Insolúveis (hidrofóbicos)* – Não gostam de água e, portanto, não se misturam a soluções químicas ou outras matrizes (nanotubos de carbono, fulerenos, pontos quânticos).

4   *Biopersistentes* – Acumulam-se na superfície ou dentro de sistemas biológicos, dificultando sua remoção (nanotubos de carbono, fulerenos, pontos quânticos).

Uma análise de riscos baseada na métrica de massa pode ser adequada para nanopartículas solúveis; porém, para as insolúveis, precisamos utilizar outras métricas, como o número de partículas, sua área superficial e sua distribuição.

Para exposição via absorção dérmica, estudos devem ser conduzidos para a pele intacta e a danificada (queimada, atópica, eczematosa, psoriática), a fim de verificar a possibilidade do aumento da taxa de penetração e a habilidade de o ingrediente ser sistematicamente absorvido. O transporte passivo de muitos nanomateriais pode ocorrer através da pele intacta, mas existe um aumento substancial de probabilidade de entrar através da camada de pele danificada. Várias técnicas usadas para estudar e quantificar a penetração de substâncias químicas na pele foram discutidas na atual literatura.[108,110]

O uso de produtos aerossóis com nanopartículas pode resultar em exposição via trato respiratório, e a deposição de nanomateriais no sistema respiratório depende das propriedades do aerossol e das interações com o epitélio respiratório. As nanopartículas solúveis podem ser dissolvidas, metabolizadas e transportadas para outros órgãos e para o sangue, enquanto as insolúveis podem ficar retidas nas vias aéreas ou engolidas por meio de tosse. Como já discutido, as características físicas, incluindo propriedades superficiais de nanomateriais, são fatores importantes que devem ser considerados cuidadosamente para nanopartículas inaladas. Estudos indicam que a redução de partículas para o tamanho nano aumenta a área de superfície, resultando em potenciais efeitos adversos não somente para o sistema respiratório, como também para o coração, vasos sanguíneos, sistema nervoso central e sistema imune.[101]

A exposição via rota oral (ingestão indireta) costuma ficar restrita aos produtos que são introduzidos na boca ou aplicados perto dela, como enxaguantes bucais e batom. Evidências limitadas sugerem que a captação de nanomateriais e sua translocação em direção ao sistema circulatório dependem do tamanho destes, bem como de sua carga de superfície e modificação de ligação com a superfície.[101] Estudos indicam ainda que nanomateriais têm captação limitada no trato gastrointestinal, mas a translocação de nanomaterial biodegradável e não biodegradável através da barreira intestinal pode ser substancialmente aumentada.

O FDA recomenda que o protocolo de análise de segurança de nanomateriais inclua as questões de toxicocinética e toxicodinâmica com referência a diferentes rotas e exposição.

4.3 Dosagem de referência (RfD)

A relação dosagem-resposta é determinada como a probabilidade e a gravidade dos efeitos adversos para a saúde (as respostas) em relação à quantidade e às condições de exposição a um agente (a dose fornecida). O mesmo princípio pode ser aplicado para estudos em que a exposição seja uma concentração do agente (por exemplo, a concentração da substância no ar aplicada em estudos de exposição de inalação); a informação resultante desta análise refere-se à relação de concentração-resposta. O termo exposição-resposta pode ser utilizado para descrever qualquer relação de dosagem-resposta, uma resposta à concentração ou outras condições específicas de exposição.[111,112]

Em geral, o aumento da dose aumenta também a resposta medida, destacando-se que, em doses baixas, pode não aparecer nenhuma resposta. Em certo nível da dose, as respostas podem ocorrer com baixa taxa de probabilidade em uma pequena fração da população que estiver sendo estudada. Tanto a dose em que as respostas começam a aparecer quanto a taxa na qual elas aumentam, dado o aumento da dose, podem ser variáveis entre os diferentes poluentes, indivíduos, vias de exposição etc.

A forma da relação dosagem-resposta depende do agente, do tipo de resposta (tumor, incidência da doença, morte etc.) e do sujeito experimental (humano, animal) em questão. Por exemplo, deve haver uma relação para uma resposta como perda de peso e outra para uma resposta como inflamação. Como é impraticável estudar todas as relações possíveis para todas as respostas possíveis, a pesquisa de toxicidade costuma se concentrar em testes para um número limitado de efeitos adversos. Ao considerar todos os estudos disponíveis, a resposta (efeito negativo) – ou mesmo uma medida de resposta que leve a um efeito adverso (conhecido como um precursor para o efeito) – que ocorre na dose mais baixa é então selecionada como o efeito crítico na avaliação de risco.[111] O fundamental desta estratégia é evitar o efeito crítico, a fim de que nenhum outro efeito seja motivo de preocupação.

A avaliação de dosagem-resposta acontece da mesma forma que na identificação de perigos em que praticamente inexistem dados para a dosagem-resposta disponível para seres humanos. Quando disponíveis, os dados muitas vezes cobrem apenas uma parte do intervalo possível da relação dosagem-resposta; nestes casos, uma extrapolação deve ser feita a fim de encontrar os níveis de dosagem que sejam inferiores aos dos dados obtidos a partir de estudos científicos. Além disso, os estudos com animais costumam ser feitos para aumentar os dados disponíveis; variando-se o número e a composição (idade, gênero, espécie) de indivíduos do teste é possível controlar os níveis de dosagem testados e realizar a medição de respostas específicas. O uso de estudos controlados normalmente leva a conclusões estatísticas mais significativas do que um estudo observacional não controlado, do qual resultam fatores de confusão adicionais em razão da falta de parâmetros capazes de impactar negativamente as conclusões. No entanto, as relações de dosagem-resposta observadas a partir de estudos com animais referem-se, muitas vezes, a doses muito mais altas que as esperadas para seres humanos, e por isto devem ser extrapoladas para doses mais baixas, e estudos com animais também devem ser também extrapolados, a fim de prever o relacionamento para seres humanos.[112] Essas extrapolações conferem incerteza na análise de resposta à dosagem, portanto, muitas vezes não podem ser aplicadas sem mais estudos.

A avaliação de dosagem-resposta é um processo em duas etapas. A primeira é uma avaliação de todos os dados que estiverem disponíveis, ou puderem ser selecionados por meio de experimentos, com o intuito de documentar qualquer relação de dosagem-resposta em todas as doses observadas nos dados coletados. No entanto, se os dados observados não tiverem informações suficientes para identificar uma dose cujo efeito adverso não seja observado (isto é, uma dose que seja suficientemente baixa para evitar o efeito) na população humana, então segue-se para a segunda etapa, que consiste na extrapolação para se estimar o risco (provavelmente de efeito adverso) além do valor da faixa inferior de dados observados disponíveis, a fim de se fazer inferências sobre a região crítica, aquela na qual a dose começa a causar o efeito adverso na população humana.

Avaliação de dosagem-resposta não linear

A avaliação de dosagem-resposta não linear tem origem na hipótese de limiar, segundo a qual uma série de exposições de zero para algum valor finito pode ser tolerada pelo organismo com praticamente nenhuma chance de expressão do efeito tóxico. O limiar de toxicidade é aquele em que os efeitos (ou seus precursores) começam a ocorrer. Muitas vezes, é prudente focar a avaliação nos membros mais vulneráveis de uma população (recém-nascidos, crianças, gestantes, idosos e enfermos). Portanto, os esforços de regulação costumam ser feitos para manter a exposição abaixo do limiar da população, que é definido como o menor dos limiares dos indivíduos dentro de uma população. É importante verificar o modo de ação (MoA) toxicológico, que é composto por um conjunto de sinais biológicos e fisiológicos que caracterizam uma resposta adversa relativamente a uma determinada dosagem. Portanto, se o MoA da informação sugere que a toxicidade tem um limite, sendo este definido como a dosagem abaixo da qual espera-se que um efeito insalubre venha a ocorrer, este é considerado uma dosagem-resposta não linear. O termo não linear é usado aqui no sentido mais restrito do que em seu significado usual no campo da matemática; uma avaliação não linear utiliza uma relação dosagem-resposta cuja inclinação é igual a zero (sem resposta) e, talvez, acima de dose zero.[111]

O nível sem efeito adverso observável, chamado NOAEL (*no-observed--adverse-effect level*), ou limite de dose sem efeitos adversos observados, é a dose máxima de teste que não causa nenhum efeito adverso. Em uma experiência com vários NOAELs, o foco de regulação costuma ser o efeito mais elevado. Nos casos em que um NOAEL não tenha sido demonstrado experimentalmente, o termo de menor efeito adverso observável (LOAEL – *lowest-observed-adverse-effect level*) ou menor limite de dose com efeitos adversos observados é usado para definir a menor dose testada.

Para desenvolver uma alternativa para a análise de NOAEL usa-se a dosagem padrão (BMD – *benchmark dose*) ou a dosagem padrão com baixo limite de confiança (BMDL – *benchmark dose lower-confidence limit*). Na avaliação do BMDL, existe uma mudança predeterminada na taxa de resposta de um efeito adverso, a chamada resposta padrão (BMR – *benchmark response*), geralmente uma faixa de 1% a 10%, dependendo do estudo de toxicidade feito. BMDL é um limite inferior de confiança estatística sobre a dosagem que produz a resposta selecionada. Quando é aplicada a abordagem não linear, LOAEL, NOAEL ou BMDL é usado como ponto de partida para a extrapolação para doses mais baixas.[111]

Dosagem de referência (RfD) é uma dose oral ou cutânea derivada do NOAEL, LOAEL ou BMDL pela aplicação de fatores de incerteza (UF – *uncertainty factors*). Os fatores de incerteza levam em conta a variabilidade e a incerteza, que se refletem em possíveis diferenças entre animais de laboratório e humanos (geralmente de 10x), e a variabilidade dentro da população humana (também de 10x). Os UFs são multiplicados juntos: 10 x 10 = 100 vezes. Se um LOAEL for usado, outro fator de incerteza, geralmente de 10x, também será usado. Na ausência de dados de toxicidade-chave (duração ou efeitos principais), um fator de incerteza ou mais de um adicional podem também ser empregados. Às vezes, um UF parcial é aplicado em vez do valor padrão de 10x, e este valor pode ser menor ou maior que o padrão. Muitas vezes, o valor parcial é metade da unidade de log (a raiz quadrada de 10) ou 3,16, podendo ser arredondado para três vezes na avaliação de risco, como se vê na Figura 4.2.[111]

Em geral, RfD é definida como uma estimativa (com incerteza medida, talvez, com uma ordem de grandeza) de uma exposição oral diária para a população humana, incluindo os grupos sensíveis, como asmáticos, ou fases da vida, como crianças ou idosos, que podem apresentar um risco significativo de efeitos deletérios durante a vida. A RfD costuma ser expressa em unidades de miligramas por quilograma de peso corporal por dia: mg ou kg/dia.

Figura 4.2 Curvas de dosagem-resposta ilustrando o nível NOAEL, o UF e o cálculo de RfD.[111]

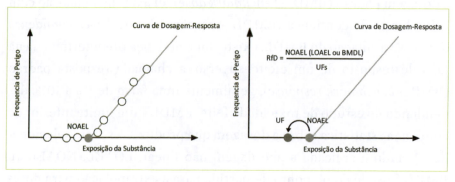

Avaliação de dosagem-resposta linear

Se o MoA da informação sugere que a toxicidade não tem um limite, então este tipo de avaliação é referido como uma avaliação de dosagem-resposta linear. No caso de substâncias cancerígenas, se a informação for insuficiente, então a extrapolação linear será normalmente usada como a abordagem padrão para avaliação de dosagem-resposta. Neste tipo de avaliação, teoricamente não existe um nível mínimo de exposição para teste de produto químico que não represente uma pequena, mas finita probabilidade de gerar uma resposta cancerígena. A fase de extrapolação deste tipo de avaliação não utiliza o sistema de UFs; em vez disso, desenha-se uma linha reta saindo do ponto de partida dos dados observados (tipicamente o BMDL) e indo para a origem destes (onde está a dosagem zero e a resposta zero). A inclinação dessa reta, chamada fator de inclinação ou fator de inclinação de câncer, é usada para estimar o risco em níveis de exposição apresentados ao longo da linha.[112] Quando se usa a dosagem-resposta linear para avaliar o risco de câncer, o risco de tempo de vida extra do câncer, ou seja, a probabilidade de que um indivíduo venha a contrair câncer ao longo de sua vida como resultado da exposição a um contaminante, leva-se em consideração o grau em que os indivíduos foram expostos em comparação com o fator de inclinação da curva, como mostra a Figura 4.3.

Figura 4.3 Curva de dose-resposta para agentes cancerígenos.[113]

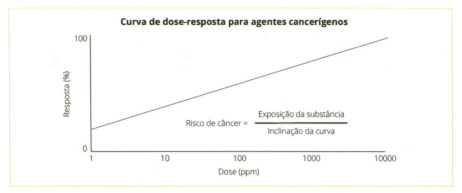

O risco total de câncer é calculado somando-se todas as exposições a cada poluente em cada via de preocupação, como inalação, ingestão e absorção dérmica, e dividindo-se o resultado pela inclinação da reta.[113]

4.4 Limite de exposição ocupacional (OEL – occupational exposure limit)

Os métodos para o desenvolvimento do limite de exposição ocupacional dependem dos dados disponíveis. Schulte et al. descrevem três cenários gerais para diferentes níveis de evidência (Suficiente, Limitado, Mínimo), como ilustrado na Figura 4.4. Estes cenários foram refinados para descrever as ligações com a base de evidências para essas categorias gerais por meio de substâncias de referência.[114] Substâncias de referência são materiais bem caracterizados (por exemplo, partículas ou fibras no ar) com dados de dose-resposta a partir de análises suficientes em animais e/ou estudos humanos para desenvolver estimativas de risco quantitativos OEL baseados na saúde.[115,116] Materiais de referência também fornecem uma referência (por exemplo, como um controle positivo ou negativo) da toxicidade comparativa de ensaios com novos nanomateriais que possuem dados toxicológicos limitados, mas propriedades físico-químicas semelhantes e modo de ação biológico inferido (MoA).[101,115]

Figura 4.4 Estratégia baseada em evidências para desenvolver os limites de controle de exposição e faixas para nanomateriais.[117]

Esta figura demonstra que, se os dados de dose-respostas forem adequados para nanomateriais, a OEL poderá ser desenvolvida usando a avaliação quantitativa de risco (QRA – *quantitative risk assessment*). Caso os dados sejam insuficientes para a QRA de uma substância específica, mas a informação adequada esteja disponível em uma substância similar no mesmo MoA, pode-se então utilizar um OEL categorizado por meio de métodos qualitativos e quantitativos, incluindo toda a modelagem da estrutura de bioatividade, com comparações entre nanomateriais e substâncias referência. Já no caso de os dados serem insuficientes para desenvolver um OEL individual ou categorizado, então o perigo (padrão) inicial e as faixas de controle podem ser derivadas por analogia das propriedades nano de materiais semelhantes de categorias distintas e amplas.[117] O objetivo desta abordagem baseada em evidências é facilitar a tomada de decisões sobre exposição e estratégias de controle para nanomateriais no local de trabalho a partir das melhores evidências disponíveis. A metodologia permite a iteração e a revisão de um OEL ou OEB (*occupational exposure band* – faixa de exposição ocupacional) assim que novos dados, obtidos de novas análises, se tornam disponíveis. Neste momento, existem mais exemplos de limites de exposição ocupacional desenvolvidos para NOAAs/nanomateriais do que de OEL categorizado ou OEBs para NOAAs. A Tabela 4.1 resume os tipos de dados e os métodos

COMO CARACTERIZAR EXPOSIÇÃO E PERIGO **127**

necessários para desenvolver OELs ou OEBs. É preciso que se desenvolvam os limites de exposições ocupacionais dos nanomateriais no ar desde a inalação, que é a principal via de exposição a substâncias potencialmente perigosas, incluindo NOAAs, no local de trabalho.

Tabela 4.1 Dados e métodos necessários para desenvolver os limites de exposição ou faixas de controle.[117]

Tipo de limite	Nível de evidência	Dados, ferramentas e métodos para análise
OEL individual	Suficiente	Dosagem-resposta (substância específica), dados para avaliação quantitativa do risco. Disponibilidade de amostragem de substância específica e método analítico.
OEL ou OEB categorizado	Limitado	Toxicidade comparável, agrupamento e categorização para estimar perigo ou risco com base nas propriedades físico-químicas e biológicas de dados do MoA.
OEB	Mínimo ou inadequado	Analogia e categorias de risco padrão e opções de controle de exposição são aplicadas.

OEL individuais

Historicamente, vários materiais particulados no ar foram considerados poeiras de baixa toxicidade, como um genérico inalável OEL de 10 mg/m³ e um OEL respirável de 4 mg/m³, que foram definidos para os diversos pós de baixa toxicidade com baixa solubilidade, incluindo óxidos de alumínio, grafite, dióxido de titânio e outros.[118] Na Alemanha, a comissão DFG MAK reduziu recentemente o OEL de partículas granulares biopersistentes de 3 mg/m³ para 0,3 mg/m³ (fração respirável), refletindo as preocupações sobre um possível potencial carcinogênico para essa categoria de substâncias.[119] Todos estes valores, no entanto, não foram projetados para materiais particulados com inalação específica conhecida ou toxicidade sistêmica (por exemplo, amianto e chumbo) que possuem seus próprios OELs químicos específicos já determinados.

Os OEL específicos de química, normalmente, não levam em conta o tamanho das nanopartículas, embora alguns deles não especifiquem os critérios de amostragem de tamanho de partículas associadas com a deposição do trato respiratório. Esses critérios de amostragem incluem inaláveis (total), torácica (vias aéreas) e frações de tamanho respiráveis (pulmonares). As nanopartículas são capazes de se acumular em qualquer lugar na região do trato respiratório, incluindo aquela em que ocorre a troca gasosa pulmonar. Alguns dos OELs individuais são específicos para as formas de poeiras e/ou vapores, por fumaças naturais compostas de partículas nanoestruturadas. Os limites de exposição ocupacional de fumaças podem ser concentrações de massa mais baixos que os limites de exposição ocupacional para pó da mesma substância química; por exemplo, o NIOSH REL (*recommended exposure limit* – níveis de exposição recomendados) e o OSHA PEL (*permissible exposure limits* – níveis de exposição permitidos) para cobre é de 1 mg/m^3 para o pó e de 0,1 mg/m^3 para a fumaça.[120] Em outros casos, o OEL aplica-se tanto para as poeiras quanto para as fumaças; por exemplo, para óxido de ferro, o NIOSH REL é de 5 mg/m^3, e o OSHA PEL de 10 mg/m^3; para cobalto em pó de metal e em fumaça, o NIOSH REL é de 0,05 mg/m^3, e o OSHA PEL, de 0,1 mg/m^3. É relevante notar que os limites de exposição ocupacional variam, pelo menos, tanto pela composição química como pelos descritores de tamanho de partículas (pó ou fumaça).

OEL ou OEB categorizado

As vantagens da abordagem categórica incluem:

- Utilização mais eficiente dos dados.
- Redução de custos e de uso de animais.
- Aumento do tamanho da amostra.
- Maior robustez dos resultados.
- Aumento da plausibilidade biológica de outros materiais na mesma categoria de MoA.[121]

Abordagens categóricas são compatíveis com quadros de avaliação de risco e de perigo propostas para NOAAs e com um paradigma de avaliação de risco padrão.[114,116,122] Métodos para se obter OEL para NOAAs utilizando abordagens categóricas podem incluir: análises quantitativas ou qualitativas;[121] comparativas de potência de NOAAs para gerar partículas de referência (PdRs) na mesma categoria de MoA, por exemplo, usando uma abordagem de paralelograma;[115,123] e atribuição de uma substância não testada ao limite inferior da distribuição de limites de exposição ocupacional para materiais sob a mesma classe de risco.[124]

Outras análises de risco e abordagens de categorização incluem ambos os componentes, ocupacionais e ambientais, como ferramentas de triagem de riscos potenciais ao longo do ciclo de vida NOAA.[122,125] A abordagem de multicritério de análise de decisão (MCDA) inclui a avaliação dos riscos e benefícios com ponderações obtidas por meio de inteligência especialista.[126] Este processo tem sido usado para atribuir as categorias qualitativas de risco (baixo, médio, alto) para nanomateriais.[127]

Faixa de exposição ocupacional (OEB – occupational exposure band)

Quando os dados não são suficientes para o desenvolvimento de um OEL individual, a abordagem de faixa de perigo é muitas vezes utilizada para facilitar a tomada de decisão entre as opções de controle de engenharia.[114] Para determinar uma tecnologia de controle adequada, como ventilação geral e exaustão local, ou confinamento, o controle por faixa (CB – *control banding*) utiliza uma matriz para classificar as substâncias de acordo com seu risco e potencial de exposição.[128,129,130] A combinação das faixas de perigo e exposição selecionadas determina a faixa de controle e as opções de controle de engenharia associadas. No entanto, a utilidade de tal abordagem costuma ser limitada pela disponibilidade de dados toxicológicos adequados para uso na avaliação dos perigos. A ausência desses dados traz uma problemática adicional para a caracterização dos riscos no local de trabalho e na posterior seleção de medidas de controle adequadas para mitigação dos riscos. Outra abordagem sugerida é a utilização de categorias iniciais de perigo padrão ou OEBs para NOAA com base nas propriedades físico-químicas associadas a pontos de entrada ou de toxicidade sistemica, incluindo a química de superfície de partícula, a área, o formato, o diâmetro, a solubilidade, bem como qualquer evidência de mutagenicidade, carcinogenicidade ou toxicidade reprodutiva do nanomaterial derivado ou material-base.[116,129]

Uma especificação técnica ISO para o controle por faixa para nanomateriais considera as informações toxicológicas disponíveis e as propriedades físico-químicas para definir sua faixa de risco. Neste método, os nanomateriais são agrupados em um dos cinco grupos de risco de inalação (de A até E), de acordo com a gravidade crescente descrita na classificação de perigo GHS (*globally harmonized system*) aplicável a produtos químicos:[131]

¬ Categoria A (nenhum risco significativo para a saúde): corresponde a um OEB de 1 mg/m^3 para 10 mg/m^3 (com 8 horas de média ponderada de tempo).

¬ Categoria B (pouco perigo – pouco tóxico): corresponde a um OEB de 0,1 mg/m^3 para 1 mg/m^3.

¬ Categoria C (perigo moderado): corresponde a um OEB de 0,01 mg/m^3 para 0,1 mg/m^3.

¬ Categoria D (perigo grave): corresponde a um OEB < 0,01 mg/m^3.

¬ Categoria E (perigo severo): não tem OEB na ISO, e, em alguns outros esquemas de alocação de risco, a lógica de decisão de atribuição de nanomateriais para essa faixa de risco inclui considerações de solubilidade, natureza fibrosa, propriedades perigosas e materiais similares.[132]

Controles de perigo e por faixas são abordagens desenvolvidas para facilitar a gestão de risco e de tomada de decisão também em pequenas empresas, pois existe a necessidade de pesquisa fundamental sobre o risco e as estratégias de faixas de controle em geral, principalmente as específicas para nanomateriais. Uma melhor avaliação e validação da utilidade dessas estratégias fornecerão a proteção adequada à

COMO CARACTERIZAR EXPOSIÇÃO E PERIGO **131**

saúde dos trabalhadores para todos os locais de trabalho que utilizem nanotecnologia de alguma forma, seja no manuseio, manipulação ou produção de materiais.

Há muitos anos estratégias de análise de risco têm sido usadas para a tomada de decisões sobre os controles de exposição no local de trabalho quando OELs não estão disponíveis e para apoiar rotulagem de comunicação de risco para os produtos químicos convencionais em geral, como HSE COSHH (*control of substances hazardous to health* – controle de substâncias perigosas a saúde);[133] GHS;[131] OSHA,[134] e, mais recentemente, para nanomateriais, como ISO/TS,[132] ANSES,[135] CB NanoTool,[129] Stoffenmanager Nano,[136] avaliação em Brouwer.[137] Controle por faixas é uma ferramenta pragmática, que pode ser usada para identificar os tipos de controles de engenharia e as capacidades de desempenho para atingir os níveis previstos (por exemplo, bandas de baixa ordem) de controle de exposição. O quadro típico de controle por faixas é uma matriz que consiste em níveis de perigo e de exposição potencial para indicar as faixas de controle apropriadas para cada substância química dadas suas propriedades na produção e/ou utilização, como se vê na Tabela 4.2.

Tabela 4.2 Matriz do controle por faixas com potenciais de perigo e exposição.[117]

Níveis		Exposição			
		EB1	EB2	EB3	EB4
Perigo	A	CB1	CB1	CB1	CB2
	B	CB1	CB1	CB2	CB3
	C	CB2	CB3	CB3	CB4
	D	CB3	CB4	CB4	CB5
	E	CB4	CB5	CB5	CB5

CB = Control Banding – Controle por faixas

Neste exemplo do esquema de controle de bandas ISO para NOAA, os CB 1 a 3 incluem ventilação geral, local ou fechado (CB 1, 2 ou 3, respectivamente) ou opções de confinamento total (CB 4 ou 5).

Alguns sistemas de controle por faixas para nanomateriais possuem um sistema de pontuação para a alocação de níveis de perigo que utilizam informações sobre as propriedades físico-químicas do nanomaterial, seu material-base ou sua massa a granel, juntamente com o parecer de peritos a respeito do que se sabe sobre o potencial de risco dadas essas propriedades (CB NanoTool e Stoffenmanager Nano). Outros esquemas de controle por faixas de perigo, como HSE, ANSEs e ISO, associaram a ordem de grandeza dos limites de exposição profissional (OELs) ou de bandas (OEBs), embora estes limites de exposição ocupacional não sejam especificamente projetados para NOAA. OEBs, OELs e EBs (*exposure band*) não devem ser confundidos, pois OEBs e OELs indicam os níveis de exposição considerados adequados e/ou níveis tecnicamente viáveis de se alcançar a fim de se evitar efeitos adversos nos trabalhadores.

As faixas de exposição são descritores qualitativos dos níveis de exposição potencial com base nos fatores que influenciam a exposição, como a propensão de o material ser transportado pelo ar (sujidade), o tipo de processo e a quantidade de material manuseado. Uma das primeiras abordagens para a formação de faixas de risco foi proposta por Henry e Schaper, com base em dados de inalação aguda em ratos (a concentração atmosférica de gases e/ou vapores e poeiras, fumaças e/ou névoas associadas a 50% de mortalidade em 1 hora).[138] Naumann et al. também propuseram faixas com ordem de grandeza, chamadas controle de exposição baseado em performance (PB-ECL – *performance-based exposure control limits*), que ligam as faixas de desempenho de engenharia de controle de riscos com os dados relativos aos efeitos na saúde e usa os parâmetros mais significativos para definir os níveis de controle de um produto químico.[139] A metodologia expressa a potência tóxica como a dose diária e a severidade tóxica como uma faixa qualitativa de efeitos agudos e/ou crônicos, classificada em: nenhuma, leve, moderada, severa. A classificação é similar ao proposto por Henry e Schaper, Council Directive 92/32/EEC[140] e ANSI Z-129.1,[141] que foram desenvolvidos para apoiar as rotulagens de perigo.

4.5 Caracterização de perigo de nanomateriais

Para que se entenda os perigos dos materiais é preciso usar as informações sobre materiais semelhantes. É importante certificar-se de que as informações são realmente aplicáveis ao material que se estiver usando, como no caso de nanotubos de carbono em formato de fibras HARN, que possuem maior toxicidade que o negro de fumo convencional utilizado na fabricação de pneus.

Muitos dos nanomateriais comumente usados têm composição química similar ou igual às de partículas de maior dimensão (materiais mássicos), embora não seja claro quais das propriedades do material mássico é aplicável a um material em partículas de tamanho nano. É importante entender que, atualmente, em razão da falta de equipamentos e de métodos padronizados, as diferenças existentes entre os nanomateriais não esclarecem quais propriedades das nanoestruturas podem ser aplicadas para definir o perigo e, consequentemente, a toxicidade de nanomateriais. Portanto, recomenda-se utilizar a semelhança de propriedades para estabelecer as propriedades perigosas de outro material. Comumente, para substâncias químicas e outras situações de risco, o perigo é calculado diretamente em razão da exposição ao material ou situação; assim, quanto maior a exposição, maior o perigo, até o ponto em que o perigo aumenta o risco de tal forma que pode desencadear um evento irreversível, como morte. Portanto, o controle da exposição pode reduzir consideravelmente o risco de eventos irreversíveis.

A definição da periculosidade de nanomateriais é uma tarefa difícil de ser executada; portanto, a orientação é recorrer à avaliação de OEL ou OEBs, como descrito por Schulte[117] na Figura 4.4, utilizando uma metodologia de análise de risco apropriada. Cada método de análise de risco citado inclui um regime de níveis de perigo de até quatro ou cinco grupos de risco. Brooke et al. mostram o alinhamento dos níveis de exposição com ordem de grandeza, com cinco faixas de risco (A até E), e as frases R associadas (*risk phrases*).[142] A abordagem do HSE *COSHH Essentials*[133] avalia os níveis de perigo pela metodologia de Brooke, e foi ampliado para incluir as recentes Declarações-H (*H-statements*). As normas ISO e ANSEs de controle por faixas usam uma alocação de níveis de perigo com base nos grupos de risco e/ou OEB do HSE e as classes de perigo do GHS. Todos esses regimes de controle por faixas usam a abordagem de matriz comum para alinhar a faixa de risco e/ou OEB com o nível potencial de exposição ou de emissão para identificar a faixa de controle adequada.

A Tabela 4.3 a seguir apresenta um resumo comparativo dos regimes de níveis de perigo publicados para parâmetros mais significativos de problemas agudos e crônicos de saúde com foco em exposições por inalação. Essas metodologias de alocação de níveis de perigo e OEB possuem elementos comuns e algumas diferenças. Cada método inclui descritores qualitativos do nível de severidade baseados no perigo (normalmente avaliado em ratos). Alguns sistemas fornecem indicadores da severidade tanto qualitativos quanto quantitativos. O método de alocação de risco ISO (Tabela 1 da ISO/TS 12901-2)[132] tem vários elementos em comum com outros métodos de níveis de perigo, como demonstrado para problemas de toxicidade agudas e crônicas, que são mais relevantes para os riscos de inalação.

Tabela 4.3 Comparação das metodologias de alocação de níveis de perigo e exposição ocupacional (OEB) para inalação de poeiras, fumaças ou névoa e seus efeitos agudos e crônicos selecionados.[117]

Referência	Níveis de perigo e OEBs				
ISO/TS 12901-2 2013 (Tabela 1),132 ANSEs 2010 (Annex 2)135	Categoria A Sem risco significante para a saúde	Categoria B Pouco perigo Pouco risco	Categoria C Perigo moderado	Categoria D Perigo grave	Categoria E Perigo severo
OEL (8h TWA*) mg/m4	1 a 10	0,1 a 1	0,01 a 0,1	< 0,01	Procure um especialista
Aerossol/partículas – Toxicidade aguda (Rato inalação LC50^5, 4h (mg/m³)	> 5.000	1.000 a 5.000	250 a 1.000	< 250	Procure um especialista

COMO CARACTERIZAR EXPOSIÇÃO E PERIGO

Referência	Níveis de perigo e OEBs				
Possível efeito crônico (exemplo: sistêmico)	Improvável	Improvável	Possível Stot RE 2**[1]	Possível Stot RE 2**	Procure um especialista
Aerossol/partículas – Efeitos adversos por inalação, 90 dias, 6h/dia (mg/m³)			< 200	< 20	Procure um especialista
GHS, 131 OSHA, 134 b	Categoria 5	Categoria 4	Categoria 3 Aviso – Ponto de exclamação	Categoria 4 Aviso – Perigo para a saúde	Categoria 1 Perigo – Perigo para a saúde
Poeira/névoas – Toxicidade aguda (Rato inalação LC50$, 4h (mg/m³)	Aviso: Pode ser perigoso se inalado	5.000 Aviso: Perigoso se inalado	1.000 Perigo: Tóxico se inalado	500 Perigo: Fatal se inalado	50 Perigo: Fatal se inalado
Poeira/névoas/fumaça – Stot RE (Rato inalação de 4h com única exposição)				1.000 até 5.000 Aviso: Perigoso se inalado	< 5.000 Perigo: Tóxico se inalado
Poeira/névoas/fumaça – Stot RE (Rato inalação de 6h com única exposição)				20 até 200 Aviso: Pode causar danos aos órgãos se houver exposição prolongada	< 200 Perigo: causa danos aos órgãos através de exposição prolongada
HSE COSHH Essentials (133, Tabela 3)	Grupo de Perigo A	Grupo de Perigo B	Grupo de Perigo C	Grupo de Perigo D	Grupo de Perigo E
Níveis de concentração (mg/m³)	1 a 10	0,1 a 1	0,01 a 0,1	< 0,01	Procure um especialista
Brooke (142, Tabela 1)	Grupo de Perigo A	Grupo de Perigo B	Grupo de Perigo C	Grupo de Perigo D	Grupo de Perigo E
Níveis de concentração de partículas no ar (mg/m³)	> 1 a 10	> 0,1 a 1	> 0,01 a 0,1	< 0,01	Procure um especialista
Frase-R[2] chave			Perigoso R48/20	Tóxico: R48/23	Procure um especialista

1. *Regulation of the European Parliament and of the Council, On classification, labelling and packaging of substances and mixtures.* Disponível em: <http://echa.europa.eu/addressing--chemicals-of-concern/harmonised-classification-and-labelling/annex-vi-to-clp>. Acesso em: 18 dez. 2015.

2. MSDS Europe. Disponível em: <http://www.msds-europe.com/id-485-r_s_phrases.html>.

Referência	Níveis de perigo e OEBs				
Exposição repetida (Rat inalação de 6h/dia por pelo menos 90 dias (mg/m³)			25 a 250	< 25	Procure um especialista
Naumann et al. (139, Tabela 1)	PB-ECL 1	PB-ECL 2	PB-ECL 3	PB-ECL 4	PB-ECL 5
OEL (8h TWA*) mg/m³	> 1	0,1 a 1	0,001 a 0,1	< 0,001	Procure um especialista
Efeitos agudos por inalação de 10 m³/dia (mg/m³)	> 10	> 1 a 10	0,01 a 1	< 0,01	< 0,01
Severidade de efeito agudo	Baixo	Baixo/Moderado	Moderado	Moderado/Alto	Alto
Severidade de Efeito Crônico	Nenhum	Nenhum	Pouco	Moderado	Severo
Henry e Schaper (138,Tabelas I e XI)	Perigo 0 Mínimo	Pergio 1 Pouco	Perigo 2 Moderado	Perigo 3 Grave	Perigo 4 Severo
Poeira/névoas/fumaças – Perigo agudo de saúde (Rato inalação LC50, 1h (mg/m³)	> 200.000	> 20.000 a 200.000	> 2.000 a 20.000	200 a 2.000	0 a 200

*TWA = Time-weighted Average (média ponderada de tempo)
**Stot RE: Specific target organ toxicity – repeated exposure (toxicidade para órgãos-alvos específicos – exposição repetida)
$LC50: Concentração Letal Mediana

O regime de alocação de níveis de risco do HSE *COSHH Essentials* prevê as mesmas faixas de concentração de exposição de ordem de magnitude para os grupos de A a D, bem como a ausência de uma concentração de exposição para o grupo E. O HSE afirma que os grupos com concentração de exposição indicam que esta pode ser identificada se houver o controle dos riscos dados os perigos identificados nos grupos A até D. O grupo E destina-se a sérios riscos de saúde, nos quais não há um limite identificado apropriado.[34] A metodologia de COSHH Essentials utiliza Frases-R[143] e Declarações-H[131] para designar grupos. A lista das Frases-R e Declarações-H utilizadas no COSHH Essentials e suas atribuições para níveis de risco associados pode ser encontrada no Apêndice 3 do HSE. Várias das bases de dados de toxicidade fornecem as Frases-R ou das

COMO CARACTERIZAR EXPOSIÇÃO E PERIGO **137**

Declarações-H de substâncias químicas em geral e para nanomateriais ou seus materiais de origem, por exemplo, Regulation (EC) n. 1907/2006, Anexo VI,[144] e Gestis.[145] Conceitualmente, o uso de Declarações-H ou Frases-R deve ser aplicável a nanomateriais. Isso ocorre porque as frases de perigo descrevem os efeitos adversos à saúde que podem ocorrer para órgãos específicos, levando em consideração a exposição a substâncias químicas por diversas vias de entrada. No entanto, existe incerteza se os dados relativos às frases de perigo para materiais quimicamente seme-lhantes também podem ser aplicáveis à avaliação de nanomateriais. Além disso, é preciso melhor avaliação para se determinar se os usos de regi-mes gerais de níveis de perigo resultam faixas de risco adequadas para OEBs e nanomateriais.

Para a toxicidade aguda, as categorias de perigo (GHS) 4 a 1 baseiam-se em dados de animais que são numericamente semelhantes à HSE e ISO, como nas categorias de perigo A a D. Isto é, as categorias de ISO/HSE e as GHS estão na ordem inversa uma da outra. As catego-rias E e 1 são as mais altas de perigo para a ISO/HSE e para os sistemas de níveis de perigo do GHS, respectivamente. O GHS categoria 5 (me-nor toxicidade) não parece ter uma categoria HSE ou ISO comparável. A metodologia da OSHA é essencialmente a mesma que a do GHS, po-rém usa apenas categorias de perigo de 4 a 1, outros efeitos adversos de saúde sendo classificados de forma diferente.[117] Por exemplo, um pro-duto químico é classificado de acordo com a toxicidade para órgãos--alvo específicos com exposição repetida (Stot RE) na faixa de risco: A ou B para Improvável, C para Possível, e D para Prováveis efeitos crôni-cos adversos à saúde.

Grande parte dos dados quantitativos usados nos níveis de perigo geralmente é baseada na exposição aguda (normalmente LC50 por inala-ção). No entanto, há pouca informação disponível sobre os efeitos agudos de nanomateriais, em parte por causa da diminuição do uso de testes em animais e em parte pela ênfase maior em testes de efeitos precoces adver-sos à saúde. Pode ser necessário um refinamento dos sistemas de níveis de perigo para capturar as relações dose-resposta observados em estudos toxicológicos atuais de nanomateriais, inclusive para os efeitos adversos mais precoces, como inflamação pulmonar e fibrose em estágio inicial, que podem ainda não estar associadas a alterações funcionais, mas poderiam ser com a exposição crônica da biopersistência de determinado NOAA. Os critérios de concentração de exposição para o nível Stot Re C ou D (< 200 mg/m^3 ou < 20 mg/m^3 em um estudo animal de 90 dias) podem não ser particularmente relevantes para nanomateriais. Observa-se que critérios de concentração de exposição para níveis de perigo com base na toxicidade e/ou letalidade aguda vêm diminuindo desde o primeiro sistema de níveis de risco criado por Henry e Schaper[138] em comparação com o GHS e sistemas mais recentes.

4.6 Testes de toxicidade

O passo inicial na validação da avaliação de segurança de nanomateriais deve ser conduzir testes de toxicidade baseados em perfis toxicológicos dos ingredientes e suas rotas de exposição. Existem várias diretrizes, especialmente para cosméticos,[103,146,147] para se conduzir esses testes (estratégia de testes por fases) de produtos químicos que podem ser usados como ponto inicial para validar a toxicidade dos ingredientes do nanomaterial. De acordo com as diretrizes lançadas pela Associação de Cosméticos, Produtos de Higiene e Fragrâncias (CFTA – *Cosmetic, toiletry and fragance association*)[146] e pela Organização para a Cooperação e Desenvolvimento Econômico (OECD),[7] o FDA recomenda, no mínimo, testes de toxicidade aguda, irritação de pele, fotoirritação dérmica, sensibilização da pele, mutagenicidade/genotoxicidade, toxicidade de dosagem repetida (21-28 dias) e toxicidade subcrônica (90 dias).[147] Para produtos cosméticos e ingredientes cosméticos, como os utilizados em fármacos e seus ingredientes, o FDA recomenda ainda testes de fototoxicidade.[148] Os resultados obtidos nessa bateria básica de testes podem indicar a necessidade de testes adicionais. Como se pode observar, para cosméticos contendo nanomateriais ou ingredientes na nanoescala, o FDA recomenda o mesmo tratamento e testes utilizados na aprovação de fármacos.

A adaptação ou modificação de testes tradicionais de toxicidade de nanomateriais deve levar em conta as características particulares presentes em cada nanomaterial, utilizando solventes e formulação de dosagens apropriadas, métodos para prevenir a aglomeração de partículas, condições de pureza e estabilidade e outras variáveis. Novos métodos devem ser desenvolvidos caso os tradicionais não possam ser modificados satisfatoriamente. Por exemplo, o teste de Ames recomenda uma bateria de testes de genotoxicidade para produtos químicos convencionais, que podem não ser apropriados para nanomateriais que solubilizam pouco, porque a parede celular da bactéria pode criar uma barreira para muitos tipos de nanomateriais.[68]

Há muito tempo, testes de toxicidade *in vivo* têm sido considerados indispensáveis para se obter informação em translocação, biodistribuição, acumulação e remoção.[69] Na condução desses testes para nanomateriais, deve-se ter atenção especial para questões de dosimetria. O produtor de nanomateriais deve considerar a área de superfície das nanopartículas, bem como a concentração de massa no estudo do projeto do teste de toxicidade *in vivo*. Para estudos *in vivo* pela rota de administração dérmica, o teste da substância deve ser aplicado diretamente na pele, e para a rota oral, administrado via alimentação forçada ou na dieta. Por razões de segurança, devem-se verificar as características de aglomeração ou de agregação de nanomateriais no veículo tópico, na alimentação forçada e na matriz de alimentação, antes de conduzir quaisquer testes. Além disso, nanomateriais têm o potencial de penetrar na pele ou ser absorvidos pelo intestino e se tornarem disponíveis para biodistribuição; este é outro fator importante para se avaliar quando se estiver estimando os riscos associados à sua exposição.

Existe uma ênfase recente no desenvolvimento de métodos validados para testes *in vivo* para produtos cosméticos pela *Interagency coordi-*

nate Committee on the Validation of Alternative Methods (ICCVAM) e pelo *European Center for Validation of Alternative Methods* (ECVAM). O sétimo adendo da *EU cosmetics directive* (2003/15/EC) instituiu a proibição de testes de produtos cosméticos em animais em 2004, e a proibição em certos animais para validações alternativas em março de 2009.[149] O FDA recomenda a validação de métodos *in vitro* para testes de segurança de nanomateriais já utilizados em produtos cosméticos, fármacos e outros ingredientes químicos, com atenção particular a questões de citotoxidade e precipitação de ingredientes insolúveis. Nanomateriais podem sedimentar, difundir e agregar de várias maneiras, dependendo do seu tamanho, densidade e química de superfície. Portanto, deve-se observar também o cuidado com a avaliação da aglomeração e da agregação de nanomateriais no meio usado para testes de sistemas *in vitro*, como já apresentado no Capítulo 1, item 1.6 – Considerações nanotoxicológicas:

1 Reconstrução de pele humana como Episkin™ e Epiderm™ para testes de irritação e corrosão de pele.

2 Testes de fototoxicidade via 3T3 NRPT (3T3: teste de fototoxicidade de captação de fibroblastos neutros vermelhos).

3 Difusão celular por absorção dérmica em pele humana e/ou de suíno.

4 Permeabilidade e opacidade de córnea bovina (BCOP) e olho de galinha isolado (ICE) para irritação ocular.

5 Genotoxicidade, usando a bateria de três testes recomendados: mutação reversa de bactéria, mutação celular e genética *in vitro* de células de mamíferos, aberração cromossômica *in vitro* de mamíferos e teste do micronúcleo *in vitro*.

(D) Diretrizes e boas práticas básicas para caracterizar exposição e perigo

DIRETRIZES E ORIENTAÇÕES

◊ A avaliação de segurança deve abordar se haverá um aumento na captação, absorção, transporte em células, transporte através de barreiras (barreira sangue-cérebro), biodisponibilidade ou biodurabilidade alterada.

◊ A segurança de um ingrediente é baseada em parte no potencial de exposição, e em parte nas rotas relevantes de exposição, que são determinadas pelo propósito de uso e aplicação final do produto:

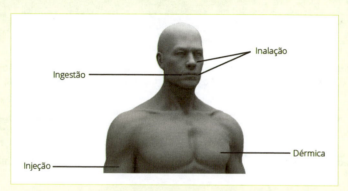

◊ A avaliação da toxicidade de nanomateriais deve ser feita em três condições:
  - *in vivo* – Testes em organismos vivos de interação biológica ativa com sistemas de limpeza e dissolução de nanomateriais.
  - *in vitro* – Teste em células e outras organelas em laboratório para avaliar parcialmente a interação biológica em organismos vivos. Nestes casos, a dosagem.
  - *in silico* – Testes computacionais realizados por meio de simulações numéricas aproximadas para avaliar aspectos da interação biológica em organismos vivos.

◊ Considerar a dosagem de referência (RfD) como a dose mínima para que um efeito adverso ocorra, medida em mg ou kg/dia. É prudente focar a avaliação nos membros mais vulneráveis de uma população, como recém-nascidos, crianças, gestantes, idosos e enfermos.

- ◊ Utilizar a avalição de dosagem-resposta adequada ao MoA e ao limite da dosagem:
    - Avaliação não linear – Hipótese de limiar que afirma que uma série de exposições de zero para algum valor finito pode ser tolerada pelo organismo com praticamente nenhuma chance de expressão do efeito tóxico.
    - Avaliação linear – Não existe um nível mínimo de exposição para teste de produto químico que não represente uma pequena, mas finita, probabilidade de gerar uma resposta cancerígena.
- ◊ Utilizar a estratégia de definição de limites de exposição baseada nos cenários toxicológicos:

- ◊ Determinar os tipos de limites de acordo com o nível de evidência, utilizando os dados e métodos adequados:

Tipo de limite	Nível de evidência	Dados, ferramentas e métodos para análise
OEL individual	Suficiente	Dosagem-resposta (substância específica), dados para avaliação quantitativa do risco; disponibilidade de amostragem de substância específica e método analítico.
OEL ou OEB categorizado	Limitado	Toxicidade comparável, agrupamento e categorização para estimar perigo ou risco com base nas propriedades físico-químicas e biológicas de dados do MoA.
OEB	Mínimo ou inadequado	Analogia e categorias de risco padrão e opções de controle de exposição são aplicadas.

◊ Alocar os níveis de perigo de acordo com a categoria e os níveis de exposição:

Referência	Níveis de perigo e OEBs				
ISO/TS 12901- -2 2013	Categoria A Sem risco significativo para a saúde	Categoria B Pouco perigo Pouco risco	Categoria C Perigo moderado	Categoria D Perigo grave	Categoria E Perigo severo
OEL (8h TWA*) mg/m³	1 a 10	0,1 a 1	0,01 a 0,1	< 0,01	Procure um especialista
Aerossol/ partículas – Toxicidade Aguda (Rato inalação LC50, 4h (mg/m³)	> 5.000	1.000 a 5.000	250 a 1.000	< 250	Procure um especialista
Possível efeito crônico (ex.: sistêmico)	Improvável	Improvável	Possível Stot RE 2	Possível Stot RE 2	Procure um especialista
Aerossol/ partículas – Efeitos Adversos por inalação, 90 dias, 6h/dia (mg/m³)			< 200	< 20	Procure um especialista

◊ Utilizar o controle por faixa para classificar as substâncias de acordo com seu risco e potencial de exposição e determinar uma tecnologia de controle adequada, como ventilação geral e exaustão local, ou confinamento.

BOAS PRÁTICAS

◊ O resultado de simples representantes de dosagem, como a quantidade de nanomaterial diretamente adicionado ao sistema *in vitro*, pode ser uma referência inapropriada para a validação da absorção de nanomateriais e de resposta das células em sistemas de teste *in vivo*.

◊ Observe que alguns nanomateriais têm propriedades físico-químicas únicas, que podem alterar o potencial de toxicidade de um composto; por exemplo, a redução no tamanho da partícula pode aumentar a habilidade de absorção de um composto e seus constituintes.

Evite o uso de produtos aerossóis com nanopartículas, pois pode resultar exposição via trato respiratório. A deposição de nanomateriais no sistema respiratório depende das propriedades do aerossol e das interações com o epitélio respiratório.

As nanopartículas solúveis podem ser dissolvidas, metabolizadas e transportadas para outros órgãos e para o sangue, enquanto as insolúveis podem ficar retidas nas vias aéreas ou engolidas por meio da tosse.

Quando os dados estiverem disponíveis, uma extrapolação deve ser feita a fim de encontrar os níveis de dosagem que são inferiores aos dos dados obtidos a partir de estudos científicos em animais.

A avaliação de dosagem-resposta acontece da mesma forma que na identificação de perigos, na qual costuma existir falta de dados para a dosagem-resposta disponível para seres humanos.

O uso de estudos controlados normalmente leva a conclusões estatísticas mais significativas do que um estudo observacional não controlado, do qual resultam fatores de confusão adicionais em razão da falta de parâmetros que possam impactar negativamente as conclusões.

Utilize a avaliação de dosagem-resposta em dois passos:

- 1º – Avalie todos os dados que estiverem disponíveis ou possam ser selecionados por meio de experimentos, com o intuito de documentar qualquer relação de dosagem-resposta em todas as doses observadas nos dados coletados. Caso os dados observados não possuam informações suficientes para identificar uma dose em que o efeito adverso não seja observado, segue-se para o segundo passo.
- 2º – Extrapole os dados para estimar o risco (provavelmente de efeito adverso) além do valor da faixa inferior de dados observados disponíveis, a fim de fazer inferências sobre a região crítica a partir da qual a dose começa a causar o efeito adverso na população humana.

Na avaliação da dosagem de referência (RfD), definir o NOAEL (limite de dose sem efeitos adversos observados) experimentalmente, quando possível. Se não for possível, definir o LOAEL (menor limite de dose com efeitos adversos observados), que determina a menor dose testada sem efeitos tóxicos. Outra maneira avaliar a RfD é definindo a BMD (dosagem de referência) ou a BMDL (dosagem de referência com baixo limite de confiança).

- De posse do NOAEL/LOAEL ou da BMD/BMDL, definir os UFs (fatores de incerteza) para, então, realizar o cálculo da RfD do nanomaterial, usando a fórmula: RfD = (NOAEL ou BMD)/UFs.

◊ Quando contiver substâncias cancerígenas, se a informação for insuficiente, faça uma extrapolação linear para avaliação da dosagem-resposta.

◊ Quando a dosagem-resposta linear for usada para avaliar o risco de câncer, o risco de tempo de vida extra do câncer, ou seja, a probabilidade de que um indivíduo possa contrair câncer ao longo de sua vida como resultado da exposição a um contaminante, leve em consideração o grau em que os indivíduos foram expostos em comparação com o fator de inclinação da curva.

- Calcule o risco total de câncer somando todas as exposições de cada poluente em cada via de preocupação (inalação, ingestão e absorção dérmica) e divida o resultado pela inclinação da reta.

◊ Na determinação dos limites de exposição, caso os dados sejam insuficientes para a avaliação quantitativa de risco (QRA) de uma substância específica, mas a informação adequada estiver disponível em uma substância similar no mesmo MoA, utilize um OEL categorizado por meio de métodos qualitativos e quantitativos, incluindo toda a modelagem da estrutura de bioatividade, com comparações entre nanomateriais e substâncias referência.

- Caso os dados sejam insuficientes para desenvolver um OEL individual ou categorizado, então o perigo (padrão) inicial e faixas de controle podem ser derivados por analogia das propriedades nano de materiais semelhantes de categorias distintas e amplas.

Capítulo 5

Como caracterizar risco

5.1 A equação do risco

A diferença entre os conceitos de perigo e de risco é muitas vezes mal compreendida, pois a determinação de perigo não permite uma estimativa direta do risco. Perigo refere-se a uma propriedade inerente a uma substância capaz de provocar um efeito adverso; risco, por sua vez, é a probabilidade de que um efeito adverso ocorra com as condições específicas de exposição a tal substância.[150] Assim sendo, um nanomaterial pode apresentar o mesmo perigo em todas as situações dadas as suas propriedades físico-químicas e biológicas inatas, agindo em células e tecidos de organismos vivos. Já o risco apresentado pelo nanomaterial pode ser controlado limitando-se a exposição, que depende diretamente do acesso ao nanomaterial definido pela engenharia de controle, como no caso de contenção, manipulação, encapsulamento e medidas de proteção individual, entre outras condições que reduzem a exposição do trabalhador ou do usuário final. Em outra análise bastante apropriada, risco é definido como perdas potenciais (perigo) associadas a um risco ou a um evento extremo para uma determinada situação durante determinado período de tempo (exposição), que pode ser definido em termos das consequências adversas (danos/perdas) e sua probabilidade de ocorrência.[151] A referência a "perdas potenciais" está associada a qualquer tipo de perigo, danos físicos (saúde, debilitação), rompimento de funções (doença, morte) e impacto socioeconômico (ecotoxicidade, poluição). A Figura 5.1 apresenta a equação do risco e de que maneira os fatores perigo, exposição e probabilidade estão relacionados no triângulo do risco.

Figura 5.1 Triângulo do risco e definição da equação do risco.[151]

Risco = Perigo x Exposição x Probabilidade

Muitas vezes, as evidências de pesquisas podem não ser claras sobre o risco ou o benefício do nanomaterial em particular. Informações conflitantes sobre um mesmo assunto existirão, e os motivos para isso podem ser atribuídos à experiência ou inexperiência profissional de cada indivíduo, métodos inadequados de medição, falta de conhecimento, ou mesmo falta de conhecimento do verdadeiro risco. A incerteza existe, e para se

COMO CARACTERIZAR RISCO **149**

ter uma estimativa do risco é preciso determinar a probabilidade de determinado evento ocorrer. Mas antes que tal probabilidade seja determinada, é preciso verificar alguns fatores que influenciam diretamente na classificação do risco, como:

- As propriedades do produto, incluindo a apresentação e a presença de advertências.
- Os usuários-alvo e os previsíveis, como crianças, idosos, deficientes, profissionais.
- O uso pretendido e a previsão de uso inadequado.
- A frequência e a duração da utilização.
- O reconhecimento de perigos e o uso de equipamento protetivo adequado.
- O comportamento do consumidor em caso de acidente.
- A cultura local do consumidor.[152]

Todos estes fatores relacionam-se a quanto uma pessoa estará, principalmente de forma inadequada, exposta ao produto, e seu intuito é permitir que se verifiquem a pior probabilidade possível de um evento danoso ocorrer, a fim de que o risco real possa ser identificado para que seja mitigado ou mesmo evitado. Além disso, há um consenso sobre como determinar a probabilidade. A Tabela 5.1 apresenta a classificação da probabilidade e a indicação estatística (frequência) de que determinado risco possa ocorrer.

Tabela 5.1 Probabilidade e estatísticas de ocorrências.[152]

Descrição da probabilidade	Frequência da probabilidade
Quase certo de ocorrer, pode ser esperado	> 50%
Perfeitamente possível	> 1/10
Incomum, mas possível	> 1/100
Apenas remotamente possível	> 1/1.000
Concebível, mas altamente improvável	> 1/10.000
Praticamente impossível	> 1/100.000
Impossível, a menos que ajudado	> 1//1.000.000
(Quase) impossível	> 1/ 1.000.000.000

É importante ressaltar que não existe "risco zero"; o que existe é o controle da exposição para evitar riscos desnecessários, mantendo o risco em níveis aceitáveis pela população.

Para se determinar o risco é preciso realizar uma análise de sensibilidade. Essa análise parte de uma matriz na qual os fatores de exposição, juntamente com as probabilidades e estatísticas de um dano ocorrer, são avaliados em relação à severidade do perigo, permitindo a classificação do risco em faixas com o intuito de elencar prioridades na sua mitigação. A avaliação de risco fornece informações estruturadas, a partir das quais tomadores de decisão podem identificar intervenções capazes de levar a uma melhoria da saúde pública ou a evitar problemas futuros.[153] A Tabela 5.2 ilustra como determinar o risco total, combinando o perigo com a probabilidade de cada ocorrência e o respectivo grau de severidade.

Tabela 5.2 Matriz da análise de sensibilidade de riscos.[153]

Probabilidade e frequência de ocorrência		Severidade do perigo			
		Muito séria	Séria	Moderada	Pouca
Quase certo de ocorrer, pode ser esperado	> 50%	Alto	Alto	Alto	Médio
Perfeitamente possível	> 1/10	Alto	Alto	Alto	Baixo
Incomum, mas possível	> 1/100	Alto	Alto	Alto	Baixo
Apenas remotamente possível	> 1/1.000	Alto	Alto	Médio	Mínimo
Concebível, mas altamente improvável	> 1/10.000	Alto	Médio	Baixo	Mínimo
Praticamente impossível	> 1/100.000	Médio	Baixo	Mínimo	Mínimo
Impossível, a menos que ajudado	> 1/1.000.000	Baixo	Mínimo	Mínimo	Mínimo
(Quase) impossível	> 1/1.000.000.000	Mínimo	Mínimo	Mínimo	Mínimo

Na visão de profissionais da saúde, em termos de procedimentos, intervenções ou testes, desconsiderando o lado emocional, o risco deve ser avaliado de acordo com a frequência de ocorrência, a chance de a condição ser detectada rapidamente (taxa de detecção), os benefícios da detecção ou o tratamento e quanto dano pode causar, isto é, se há risco de vida, se é temporário (curto prazo) ou permanente (longo prazo).[154] Portanto, é possível simplificar a Tabela 5.1 para demonstrar a probabilidade do risco de uma pessoa em relação a grupos da população, como se vê na Tabela 5.3.

Tabela 5.3 Probabilidade de risco para a saúde.[154]

Descrição	Frequência	Condição
Muito comum	1/1 até 1/10	Uma pessoa na família
Comum	1/10 até 1/100	Uma pessoa na rua
Incomum	1/100 até 1/1.000	Uma pessoa em um bairro
Raro	1/1.000 até 1/10.000	Uma pessoa em uma cidade pequena
Muito raro	< 1/100.000	Uma pessoa em uma cidade grande

Para uma melhor análise de risco para nanomateriais, a probabilidade está embutida no cálculo da exposição, que é determinada pela dosagem de referência, como descrito no capítulo anterior. Portanto, é possível simplificar a equação de risco total utilizando apenas Perigo e Exposição, como se vê na equação simplificada do risco para nanomateriais apresentada abaixo, e, desta forma, gerar uma matriz de controle por faixas (*control banding*) com níveis bem definidos de riscos associados à engenharia de controle, quando disponível, para a mitigação dos riscos e o aumento da segurança no uso, manuseio, manipulação e produção de nanomaterias.

$$Risco = Perigo \times Exposição$$

5.2 Avaliação de ciclo de vida do impacto ambiental de nanomateriais – CEA

A atual situação dos nanomateriais e da nanotecnologia em relação à toxicologia é incerta e complexa, pois demanda soluções que usem o conhecimento atual disponível para atenuar riscos, ao mesmo tempo que se mantém o foco no aprendizado de variáveis essenciais que afetam a exposição, a toxicidade e o risco. O impacto ecológico e social da tecnologia resulta do uso de diversos produtos já comercializados e descartados no meio ambiente.

A tecnologia se desenvolve dispersamente, não somente em termos de abrangência, mas também de obsolescência. Produtos eletrônicos, por exemplo, são rapidamente descartados e acumulam-se em grande quantidade no meio ambiente, o que requer uma adaptação praticamente contínua do gerenciamento do impacto ambiental. Gerenciar os aspectos humanos e ambientais da tecnologia de maneira adaptativa significa que a sociedade como um todo pode se beneficiar do aprendizado de como melhor atenuar riscos, habilitando todos a participar da avaliação e do gerenciamento de riscos de nanomateriais.

Na economia global, o aspecto da escala espacial no gerenciamento adaptativo não é muito adequado para a nanotecnologia, pois esta está sendo introduzida em todos os setores econômicos e atravessando rapidamente as fronteiras geográficas. Essa situação dificulta a aplicação de um gerenciamento adaptativo global, mas a solução pode ser a aplicação de um gerenciamento adaptativo regional, em que especialistas e interessados em mitigar os riscos decorrentes de nanomateriais fracamente gerenciados se comprometam a encontrar as melhores práticas de uso, manuseio, manipulação e produção de nanomateriais.

Harte et al. assumem que soluções para problemas ambientais complexos podem ser simplificadas a partir de uma estimativa inicial, como no caso da área de superfície de uma vaca: se considerada esférica, podemos calcular algumas variáveis aproximadas sem mesmo conhecer seu formato real.[155] Essa abordagem é válida em condições de incerteza; portanto, conduzir a análise das fases de produção de nanomateriais com controle por faixa não define se a informação disponível é adequada para responder a todas as questões, mas permite estimar a significância de potenciais impactos. As estimativas iniciais podem não ser muito precisas, mas a ordem de magnitude pode ser estimada e o modelo por faixas controle de risco é, então, suficiente para se definir estratégias de controle coerentes.

Levando-se em consideração os exemplos de problemas ambientais ocorridos no passado, a metodologia CEA (*Comprehensive environmental assessment* – Avaliação ambiental completa), como se vê na Figura 5.2, auxilia na avaliação completa de todo o ciclo de vida do nanomaterial, considerando toda e qualquer liberação, intencional ou não, de material no ambiente, os caminhos ambientais, o destino e o transporte, as rotas de exposição e os efeitos na saúde humana e nos ecossistemas naturais.[33] A análise de risco implica a consideração formal das probabilidades de liberação, perigo e exposição, e a significância do potencial de risco do nanomaterial livre no ambiente. Mesmo sem uma validação quantitativa, muito pode ser aprendido sobre o potencial de risco, a fim de que o gerenciamento responsável da nanotecnologia disponha de informações que lhe permitam avançar com segurança. Porém, se estimativas quantitativas de risco existem, estas são somente estimativas, e tendem a ser muito conservadoras. Os procedimentos consistentes de validação e as suposições para se quantificar o risco permitem caracterizar novos materiais da mesma forma que se caracterizam as substâncias já conhecidas. As considerações iniciais do potencial de perigo e de exposição guiarão a Ciência ao melhor entendimento do potencial de risco associado ao uso, manuseio e manipulação na produção de nanomateriais e de produtos que contenham nanotecnologia.

A gestão ambiental adaptativa integra aspectos ambientais, econômicos e sociais de questões complexas, como uma alternativa ao gerenciamento tradicional. Representa ainda uma forma de gerenciamento de sistemas complexos com vários atributos relevantes aos nanomateriais e à nanotecnologia, tendo sido devidamente projetada para situações em que exista pouco entendimento e, de certa forma, um comportamento imprevisível das funcionalidades do nanomaterial e de suas toxicidades, permitindo a identificação de incertezas-chave e a condução de experimentos que resultem melhor compreensão e gestão dessas substâncias.

Figura 5.2 Método CEA para a avaliação completa do impacto ambiental de nanomateriais.[33]

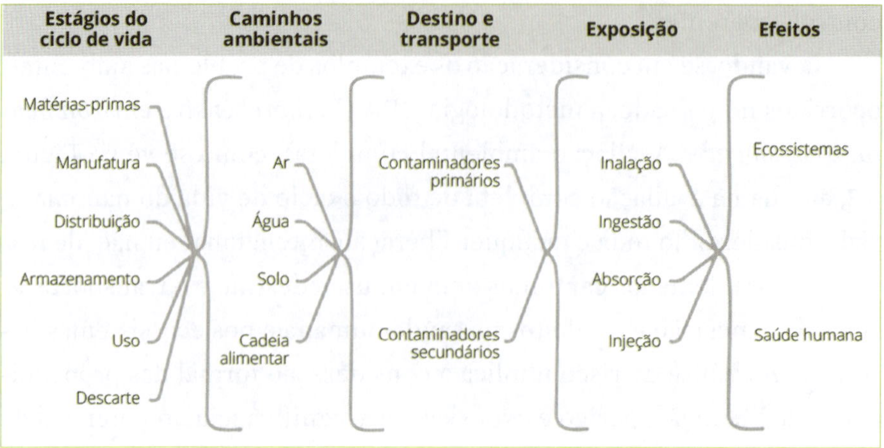

Estágios do ciclo de vida	Caminhos ambientais	Destino e transporte	Exposição	Efeitos
Matérias-primas				
Manufatura	Ar	Contaminadores primários	Inalação	Ecossistemas
Distribuição	Água		Ingestão	
Armazenamento	Solo		Absorção	
Uso	Cadeia alimentar	Contaminadores secundários	Injeção	Saúde humana
Descarte				

Esta análise identifica o que é desconhecido e o que é importante ser conhecido em termos do que pode ser ou de como é exposto, de quão significantes são essas exposições e onde estão as preocupações relacionadas à presença de nanomateriais no ambiente. A produção de nanotubos de carbono (NTCs) em processos fechados, por exemplo, limita a exposição a eles. Uma análise por fases com avaliação completa ambiental pode ajudar a documentar e a identificar qual estágio do ciclo de vida deve ser uma preocupação, requerendo mais investigação ou políticas de gerenciamento para prevenir sua exposição. A aplicação da análise Nano LCRA com CEA é transparente porque documenta as suposições e análises, permitindo a comparação entre diferentes produtos e processos com incertezas. Durante o processo de pesquisa e desenvolvimento, existem oportunidades para se testar métodos alternativos de produção que possam ser utilizados para escalonar resultados de pesquisa para um processo produtivo em larga escala. O método contempla ainda a comparação de problemas de saúde e de segurança do ambiente que necessitem ser abordados em cenários de processos de produção alternativos como validações para analisar se um nanomaterial deve ser capturado em uma matriz líquida ou com um filtro de ar, quais tipos de gerenciamentos são necessários para aqueles materiais de acordo com o meio escolhido ou

COMO CARACTERIZAR RISCO **155**

quando um processo pode ser desenvolvido para capturar nanomateriais para reúso em vez de descarte. Por fim, a análise adaptativa Nano LCRA oferece uma abordagem dinâmica, proativa, simples e concisa, que pode ser revalidada regularmente de acordo com informações toxicológicas do nanomaterial, com seu processo de obtenção e a integração em produtos finais e seu eventual descarte no meio ambiente.

5.3 Análise de risco do ciclo de vida de nanomateriais – Nano LCRA

O principal objetivo do gerenciamento adaptativo é adaptar e aprender, de modo que a melhoria do processo ou do nível de intervenção gere oportunidades de aprendizado sobre as incertezas, possibilitando a formação de novos conceitos e ideias para melhor gerenciamento. Deste processo surgem novas respostas.

A utilização de uma abordagem adaptativa com análise interativa de níveis crescentes de entendimento, habilidade e quantização apresenta uma evolução importante na avaliação e no gerenciamento de riscos de nanomateriais. Esta evolução permite a adaptação de novas informações e decisões sobre as incertezas para se identificar e priorizar preocupações a respeito de riscos para a saúde e para o meio ambiente, promovendo um processo gerenciável de nanomateriais. Permite, ainda, a identificação de potenciais implicações no desenvolvimento de tecnologias e a validação de suas probabilidades. O método requer uma abordagem baseada em risco e focada no ciclo de vida do nanomaterial. Este enfoque de avaliação de risco adaptativa de ciclo de vida foi desenvolvido para a tomada de decisões em processos que têm impacto ambiental, sendo inerente à sua natureza estabelecer uma condição do tipo ganha-ganha para os aspectos econômicos, ambientais e sociais, também denominado tripé da sustentabilidade.[156]

O *framework* Nano LCRA, uma metodologia de análise de risco de todo o ciclo de vida de nanomateriais que utiliza a avaliação por fases de produção de nanomateriais com controle por faixas,[157] aplica o gerenciamento adaptativo para nanomateriais com análise ambiental completa numa abordagem proativa para a avaliação de segurança e riscos. [33]

Nesta metodologia, são adotadas ferramentas de análise de riscos e de ciclo de vida para caracterizar o potencial de exposição e risco de nanomateriais em aplicações específicas. O gerenciamento adaptativo, neste contexto, significa que as tomadas de decisões podem ser atualizadas quando nova informação estiver disponível, garantindo que a revalidação ocorra em tempo hábil. Sempre que uma nova informação surgir, normalmente escassa, o processo de revalidação conduzirá a uma nova análise inicial, com a intenção de envolver ações corretivas e protetivas para gerenciar quaisquer riscos identificados. Isto determina a necessidade da captação de mais dados e de análises mais aprofundadas para melhor caracterizar o potencial de perigo, de exposição e de risco à saúde e ao meio ambiente.

A utilização de uma abordagem por fases do Nano LCRA para a análise de riscos provê um melhor grau de confiança, especialmente em situações em que há grande incerteza, e a tomada de decisões mitigará essa incerteza mediante a adoção de medidas mais avessas aos riscos, tal abordagem motivando ações para melhor caracterizar e entender os impactos de nanomateriais na saúde e no meio ambiente.[33] A análise de risco por fases de produção de nanomateriais reconhece quando não há informação suficiente para a determinação do risco ambiental e de saúde associado ao novo material ou tecnologia, e, além disso, provê um caminho claro para incorporar a informação existente ao processo de gerenciamento de risco e de tomada de decisão. Assim, os dados disponíveis são suplementados pelo uso de ferramentas de análise de risco que tratam de incertezas, e o aspecto do gerenciamento adaptativo permite o aprendizado pela análise, fornecendo o embasamento para a tomada de decisões coerentes com a situação atual ou para a adaptação dessas decisões à medida que novas informações estiverem disponíveis.

A aplicação do Nano LCRA é dinâmica e auxilia na identificação das informações realmente pertinentes para se obter melhor decisão no estágio inicial de avaliação. Como é um processo iterativo, as decisões podem ser revistas e melhoradas à medida que mais informações estiverem disponíveis. Este enfoque dinâmico é aplicável a uma ampla gama de riscos, materiais e tecnologias. O método, cujo esquema pode ser visto na Figura 5.3, permite ainda que validações ocorram em qualquer fase da cadeia de suprimentos, podendo ser aplicado na produção de matéria-prima, usuário de nanomateriais compósitos, ou em ambos os casos. Em situações em que haja uma falta significativa de dados, a exposição a determinado nanomaterial é o melhor ponto de partida. Isto significa, em princípio, que avaliações toxicológicas detalhadas não são necessárias em situações em que a exposição é baixa ou inexistente, como no caso de nanotubos de carbono embutidos em um material compósito; em vez disso, os recursos são focados em avaliações toxicológicas em todas as fases do ciclo de vida. Quando há um potencial expressivo de exposição a um nanomaterial, as análises são validadas sistematicamente a fim de garantir a comparação com a exposição a outros materiais, configurando, desta forma, os passos iniciais para a quantificação de exposição e risco.

Figura 5.3 Nano LCRA framework.[33]

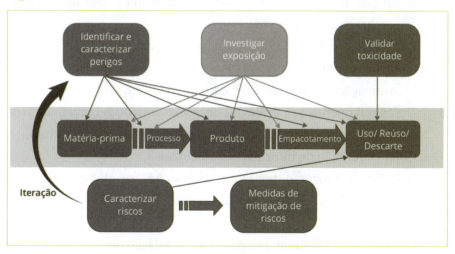

O nível de risco de determinado nanomaterial pode ser entendido se seguirmos as especificidades de cada estágio do seu ciclo de vida. A ideia é executar a análise de risco para cada passo do ciclo de vida e conduzir uma análise de periculosidade e exposição para cada fase de produção do nanomaterial. Estes passos identificam em que ponto se deve, futuramente, focar as ações de validação de toxicologia e conduzir a caracterização de riscos. Uma validação inicial pode ajudar a identificar medidas de mitigação de riscos a serem usadas, mas também ajuda a destacar qual informação está faltando para se desenvolver uma caracterização de risco mais detalhada.

Para se executar a análise de risco adaptativa Nano LCRA são definidos dez passos:

1. Descrição do ciclo de vida do produto.
2. Identificação dos materiais e avaliação do seu potencial de periculosidade em cada fase do ciclo de vida.
3. Condução de uma avaliação qualitativa de exposição para os materiais em cada fase do ciclo de vida.
4. Identificação da fase do ciclo de vida em que ocorre a exposição.
5. Validação do potencial de toxicidade humana e não humana em fases-chave do ciclo de vida.
6. Análise do potencial de risco para fases selecionadas do ciclo de vida (controle por faixas).
7. Identificação de incertezas-chave e falta de dados.
8. Desenvolvimento de estratégias de mitigação e de gerenciamento de riscos e dos próximos passos para proteção de exposição e risco.
9. Coleta e reunião de informações adicionais.
10. Iteração do processo, revisão de suposições, revalidação e ajustes dos passos do gerenciamento de riscos.

Como se pode observar, nos passos de aplicação do Nano LCRA está incluída a preocupação com a saúde e a segurança em todo o ciclo de vida do nanomaterial, levando em conta a exposição ocupacional e de consumidores e a integridade do meio ambiente. Considerando inicialmente a exposição, o Nano LCRA nos permite identificar a periculosidade e avaliar as exposições de forma a elucidar as preocupações com a segurança. O Nano LCRA liga diretamente o potencial de risco às decisões de gerenciamento, desenvolvendo uma análise racional que favorece a tomada de decisão mais apropriada para cada situação. Possui também uma comunicação clara dos esforços feitos para mitigar riscos e suas causas. Além disso, como os riscos para novos materiais são avaliados em tempo real, logo no início do processo de inovação, a abordagem adaptativa permite que as primeiras decisões para a gestão do risco deste nanomaterial sejam feitas com base em boas práticas científicas, até mesmo em condições de incerteza.

Diretrizes e boas práticas básicas para caracterizar risco

DIRETRIZES E ORIENTAÇÕES

◊ Limitar a exposição com métodos de engenharia de controle, como contenção, manipulação, encapsulamento e medidas de proteção individual, controla o risco do nanomaterial.

◊ No risco de nanomateriais, considere a relação existente entre Perigo e Exposição avaliando a dosagem de referência (RfD) para exposição e inferindo o perigo em relação ao tempo de exposição da RfD, conforme a equação do risco:

$$RISCO = PERIGO \times EXPOSIÇÃO$$

◊ Utilizar a metodologia CEA para auxiliar na avaliação completa do impacto ambiental do nanomaterial:

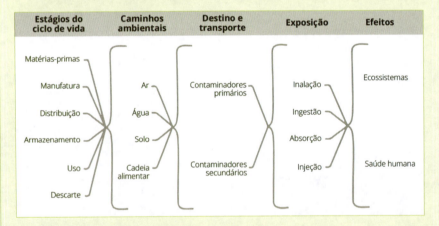

◊ Avaliar os riscos para todo o ciclo de vida de produção do nanomaterial usando a análise de risco adaptativa Nano LCRA com controle por faixas:

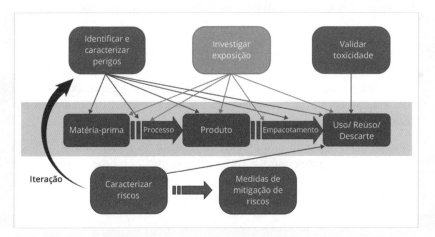

- Executar a análise de risco adaptativa Nano LCRA usando os dez passos:
  1. Descrição do ciclo de vida do produto.
  2. Identificação dos materiais e avaliação do seu potencial de periculosidade em cada fase do ciclo de vida.
  3. Condução de uma avaliação qualitativa de exposição para os materiais em cada fase do ciclo de vida.
  4. Identificação da fase do ciclo de vida em que ocorre a exposição.
  5. Validação do potencial de toxicidade humana e não humana em fases-chave do ciclo de vida.
  6. Análise do potencial de risco para fases selecionadas do ciclo de vida (controle por faixas).
  7. Identificação de incertezas-chave e falta de dados.
  8. Desenvolvimento de estratégias de mitigação e de gerenciamento de riscos e dos próximos passos para proteção de exposição e risco.
  9. Coleta e reunião de informações adicionais.
  10. Iteração do processo, revisão de suposições, revalidação e ajustes dos passos do gerenciamento de riscos.

BOAS PRÁTICAS

- É necessário entender que "perigo" se refere a uma propriedade inerente à substância, capaz de provocar um efeito adverso em razão da exposição prolongada de uma substância nociva. "Risco", por sua vez, refere-se à probabilidade de que um efeito adverso ocorra com as condições específicas de exposição.

◊ Antes de calcular a exposição, verificar os fatores que influenciam diretamente, como: propriedades do produto, incluindo a apresentação e a presença de advertências; usuários-alvo e os previsíveis (crianças, idosos, deficientes, profissionais); uso pretendido e previsão do uso inadequado; frequência e duração da utilização; reconhecimento de perigos e de uso de equipamento protetivo adequado; comportamento do consumidor em caso de um incidente; cultura local do consumidor.

◊ A exposição depende diretamente do acesso ao nanomaterial definido pela engenharia de controle, como no caso de contenção, manipulação, encapsulamento, medidas de proteção individual, e outras condições que reduzem a exposição do trabalhador ou usuário final.

◊ A avaliação de risco adaptativa de ciclo de vida foi desenvolvida para a tomada de decisões em processos que tenham impacto ambiental, sendo inerente à sua natureza estabelecer uma condição do tipo ganha-ganha para os aspectos econômicos, ambientais e sociais, também denominado "tripé da sustentabilidade".

◊ A abordagem por fases de produção de nanomateriais reconhece quando não há informação suficiente para determinar o risco ambiental e de saúde associado ao novo material ou tecnologia; além disso, provê um caminho claro para incorporar a informação existente ao processo de gerenciamento de risco e de tomada de decisão.

◊ A análise de risco por fases de produção de nanomateriais reconhece quando não há informação suficiente para determinar o risco ambiental e de saúde associado ao novo material ou tecnologia; além disso, provê um caminho claro para incorporar a informação existente ao processo de gerenciamento de risco e de tomada de decisão.

◊ O gerenciamento ambiental adaptativo integra aspectos ambientais, econômicos e sociais de questões complexas como alternativa ao gerenciamento tradicional. Foi devidamente projetado para situações em que exista pouco entendimento e, de certa forma, um comportamento imprevisível das funcionalidades do nanomaterial e de suas toxicidades, permitindo a identificação de incertezas-chave e a condução de experimentos que resultem melhor compreensão e melhor gerenciamento dessas substâncias.

◊ Utilize o CEA para avaliar o impacto ambiental de todo o ciclo de vida do nanomaterial, considerando toda e qualquer liberação intencional ou não de material no ambiente, os caminhos ambientais desse material, bem como seu destino e transporte, suas rotas de exposição e seus efeitos na saúde humana e em ecossistemas naturais.

◊ A utilização do Nano LCRA permite a adaptação de novas informações e decisões sobre as incertezas para se identificar e priorizar preocupações a respeito de riscos para a saúde e para o meio ambiente, promovendo um processo gerenciável de nanomateriais, além de identificar as potenciais implicações destes no desenvolvimento de tecnologias e validar suas probabilidades.

Capítulo 6

Como avaliar a segurança de nanomateriais

6.1 Controle por faixas (*ISO Control Banding*)

O regime de atribuição de grupo de risco por meio da Norma ISO/TS 12901-2 refere-se a uma ferramenta e ou metodologia de controle por faixa considerada parte integrante de um sistema global de gestão de riscos de saúde e de segurança. Esta ferramenta requer dados de entrada, independentemente da fase do ciclo de vida do nanomaterial, como informações coletadas no local de trabalho por meio da observação do trabalho real, bem como os riscos e os dados toxicológicos sobre o material a ser analisado.[132]

O fundamento dessa abordagem, de acordo com o conhecimento atual sobre o nanomaterial a ser avaliado como dados de toxicologia ou efeito de saúde e propriedades físicas e químicas, é o processo de identificação de perigo. Esta informação é então combinada com a avaliação da exposição potencial do trabalhador para determinar os graus qualitativos de risco. A abordagem envolve combinar uma tecnologia de controle adequada, como ventilação geral e exaustão local ou confinamento, para um produto químico que está dentro de determinado grupo de risco e também para que as exposições a essa substância química sejam controladas em uma faixa ou nível definidos.

Esta abordagem é baseada na opinião de especialistas com experiência em controle de fluxo de aerossóis que contêm partículas ultrafinas, como fumaça de soldagem, negro de fumo ou mesmo vírus, que podem ser aproveitadas para desenvolver as técnicas de controle de engenharia para a exposição de nanopartículas. Técnicas eficazes podem ser obtidas por meio da adaptação da tecnologia atual para a nanotoxicologia, facilitando a aplicação das técnicas de ventilação geral e local e processo, contenções e recintos, e filtração.

Portanto, a abordagem de controle por faixas pode ser realizada de forma proativa, com base em exposições antecipadas que utilizam fatores básicos de atenuantes do potencial de exposição, ou de forma retroativa ou de faixas de risco, com base em uma avaliação de risco sobre os fatores de exposição, que inclui medidas de controle de mitigação atuais ou a ser implementadas. Em ambos os casos, trata-se de uma abordagem em camadas que envolve um primeiro passo em comum, que é a coleta de informações. A definição do processo em camadas é apresentada nos itens a seguir e na Figura 6.1:[132]

- *Camada 1* – Associação de perigo de um nanomaterial: nivelamento do perigo.
- *Camada 2* – Nível por exposição de potencial básico: nivelamento da exposição.

¬ *Camada 3* – Definição das recomendações para ambientes de trabalho e práticas de manipulação: alocação das faixas de controle.
¬ *Camada 4* – Validação da estratégia de controle ou nivelamento do risco.

Figura 6.1 Processo de controle por camada.[132]

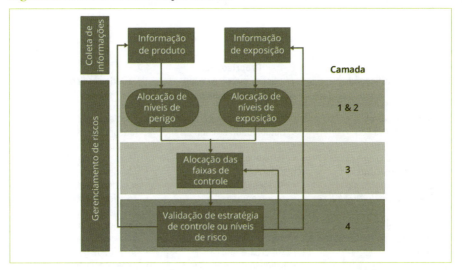

6.1.1 Coleta de informações

Coletar informações e dados que sejam pré-requisitos de entrada para se implementar o controle por camadas, considerando especialmente nanomateriais para os quais não é possível estabelecer valores-limite com base na saúde, em que é importante documentar as substâncias utilizadas, as medidas de proteção adotadas, as condições de trabalho e, eventualmente, as medidas de exposição, uma vez que esses fatores nem sempre são fáceis de ser determinados com absoluta certeza, dado que dependem do grau em que o risco é conhecido e da precisão dos métodos utilizados para a avaliação da exposição.[157] Todos os dados de entrada devem ser documentados para posterior rastreabilidade por meio de um sistema de gestão de documentação apropriada.

A lista de características e parâmetros apresentados na Tabela 6.1 a seguir, que tem por base a lista proposta pela OECD para testes de nanomateriais específicos para a saúde humana e segurança ambiental, deve ser levada em consideração na avaliação de riscos à saúde humana em relação a determinado nanomaterial. Dados epidemiológicos, quando disponíveis, também devem ser levados em conta.

Tabela 6.1 Informações para avaliação de nanomaterial usando o controle por camadas.

Identificação	Propriedades físico-químicas e/ou biológicas e caracterização	Dados toxicológicos
• Nome do NOAA/ nanomaterial • Número CAS • Nome Iupac • Fórmula estrutural/ estrutura molecular • Composição do NOAA a ser testado • Morfologia básica • Descrição da química de superfície	• Aglomeração/agregação • Solubilidade em água • Fase cristalina • Tamanho de grão • Pulverulência • Imagens TEM representativas • Distribuição de tamanho de partícula • Área específica de superfície • Química de superfície • Atividade catalítica ou fotocatalítica • Densidade do pó • Porosidade • Coeficiente de participação – dep (quando apropriado) • Potencial de redução • Formação de radical • Outras informações relevantes (biopersistência, biointeração etc.)	• Farmacocinética (adsorção, distribuição, metabolismo, eliminação) • Toxicidade aguda • Toxicidade de dose repetida (se disponível) • Toxicidade crônica • Toxicidade reprodutiva • Toxicidade no desenvolvimento • Toxicidade genética • Experiência com exposição humana • Dados epidemiológicos • Outros dados de testes toxicológicos

Embora algumas destas características possam não estar disponíveis ou até mesmo não ser utilizadas para a realização do controle por camadas,[157] recomenda-se documentar e registrar com a maior precisão possível toda informação disponível, incluindo referência a tamanho e condições de medição, para eventuais problemas médicos futuros. Quando se utilizam as características relativas ao material em macro e em microescala é preciso ter em mente que essas características podem diferir significativamente daquelas observadas no material em nanoescala.

6.1.1.1 Nivelamento do perigo

Nivelamento do perigo consiste na atribuição de um nanomaterial para uma faixa de perigo com base em uma avaliação completa de todos os dados disponíveis sobre este material. Para isso, são levados em conta parâmetros como toxicidade, biopersistência *in vivo* e fatores que influenciam a capacidade de as partículas chegarem ao trato respiratório, se depositarem em várias regiões do trato respiratório e penetrarem na pele ou ser absorvidas pela pele e, ainda, de induzir respostas biológicas. Estes fatores podem ser relacionados com as propriedades físicas e químicas do nanomaterial, tais como área superficial, química de superfície, formato e tamanho de partícula, entre outras propriedades.[132]

Seja qual for a abordagem, a implementação do controle por faixas deve ser coerente com a hierarquia dos controles para evitar perigos, o que constitui o princípio STOP, ou seja: Substituição, medidas Técnicas, medidas Organizacionais e equipamentos de Proteção individual (EPI), sendo este o último recurso quando as medidas anteriores não proporcionarem um controle adequado. O nivelamento por perigo é definido de acordo com o grau de gravidade do perigo de uma substância química, grau este que resulta da análise da informação disponível, que é avaliada por profissional capacitado e com conhecimento e experiência em nanomateriais.[42] As informações em questão podem relacionar-se a vários critérios de toxicidade, descrita ou suspeita, encontrados na literatura ou na documentação técnica do produto, como rotulagem, classificação do produto e histórico de toxicidade.

De acordo com a gravidade crescente descrita na classificação de perigo GHS aplicável a substâncias químicas, o Grupo de Trabalho Internacional de Controle por Faixas classificou-as em seis grupos de risco: cinco de inalação (A até E) e um de pele (S). A Tabela 6.2 apresenta a definição de categorias de perigo e de alocação de nanomateriais de acordo com as classes GHS para a saúde; os intervalos de doses nela indicados correspondem aos critérios estabelecidos para classificação do GHS, mas a alocação do nivelamento por perigo pode variar de acordo com as disposições legais do país em que tais parâmetros estiverem sendo aplicados.

Tabela 6.2 Definição de categorias de perigo e alocação de nanomateriais de acordo com as classes GHS para a saúde.[131]

	Categoria A	Categoria B	Categoria C	Categoria D	Categoria E
	Sem risco significante para a saúde	Pouco perigo – Pouco risco	Perigo moderado	Perigo grave	Perigo severo
Poeira OEL (8h TWA*) mg/m³	1 a 10	0,1 a 1	0,01 a 0,1	< 0,01	Procure um especialista
Toxicidade aguda	Baixa	Tox. aguda 4	Tox. aguda 3	Tox. aguda 1 a 2	Procure um especialista
LD50$ rota oral (mg/kg)	> 2.000	300 a 2.000	50 a 300	< 50	Procure um especialista
LD50$ rota dérmica	> 2.000	1.000 a 2.000	200 a 1.000	<200	Procure um especialista
LC50 inalação 4h (mg/l) – Aerossol/ partículas	> 5	1 a 5	0,5 a 1	< 0,5	Procure um especialista
Efeitos severos e agudos (risco de morte)		Stot SE 2 a 3 Asp. Tox. 1*	Stot SE 1		Procure um especialista
Efeitos adversos pela rota oral (mg/kg), exposição única		Efeitos adversos observados para ≤ 2.000	Efeitos adversos observados para ≤ 300		Procure um especialista
Efeitos adversos pela rota dérmica (mg/ kg), exposição única		Efeitos adversos observados para ≤ 2.000	Efeitos adversos observados para ≤ 1.000		Procure um especialista

COMO AVALIAR A SEGURANÇA DE NANOMATERIAIS 171

	Categoria A	Categoria B	Categoria C	Categoria D	Categoria E
Sensibilização	Negativa	Pouca reação alérgica cutânea	Moderada/forte reação alérgica cutânea Skin. Sens. 1**		Prevalência moderada a forte reação alérgica respiratória Resp. Sens. 1***
Mutagenicidade/genotoxicidade	Negativa	Negativa	Negativa	Negativa	Mutagenicidade na maioria dos ensaios *in vivo* e *in vitro* Muta 2 ou Muta 1A a 1B
Irritação/corrosividade	Nenhuma irritação até irritação Eye Irrit. 2 Skin Irrit. 2 EUH 066		Irritação severa dérmica e ocular. Irritante para o trato respiratório STOT SE 3; Eye Dam. 1 Corrosivo Skin Cor. 1A – 1B		
Carcinogenicidade	Negativa	Negativa	Algumas evidências em animais Carc. 2		Confirmado em animais e humanos Carc. 1A – 1B
Toxicidade reprodutiva/toxicidade no desenvolvimento	Negativa	Negativa	Negativa	Tóxica para a reprodução para animais e/ou suspeita e comprovada em humanos Repr. 1A, 1B, 2	
Probabilidade de efeitos crônicos (exemplo sistêmico)	Improvável	Improvável	Possível STOT RE 2	Possível STOT RE 2	
Efeitos adversos pela rota oral (mg/kg – dia), (90 dias de estudo crônico)			Efeitos adversos observados para ≤ 100	Efeitos adversos observados para ≤ 10	

	Categoria A	Categoria B	Categoria C	Categoria D	Categoria E
Efeitos adversos pela rota dérmica (mg/kg – dia), (90 dias de estudo crônico)			Efeitos adversos observados para ≤ 200	Efeitos adversos observados para ≤ 20	
Saúde ocupacional	Sem evidência de efeitos adversos à saúde	Baixa evidência de efeitos adversos à saúde	Provável evidência de efeitos adversos à saúde	Alta evidência de efeitos adversos à saúde	Alta evidência de efeitos severos adversos à saúde

$LD50: dose letal mediana
*Asp. Tox.: Perigo de aspiração (*aspiration hazard*)
** Skin. Sens.: Sensibilização dérmica (*skin sensitization*)
*** Resp. Sens.: Sensibilização respiratória (*respiratory sensitization*)
(para outras definições, ver referência 158)

Alocação de nível de perigo

O processo de nivelamento de perigo utiliza uma abordagem em camadas que depende de questões estruturadas para extrair todas as informações possíveis sobre a natureza do material que estiver sendo avaliado, a fim de se obter a melhor definição de perigo para cada caso. O processo de alocação segue um algoritmo bem definido, baseado em árvore de decisão, como demonstrado na sequência de perguntas a seguir:[132]

Pergunta 1 – O produto contém nanomaterial?

Se a resposta for negativa, a organização (empresa/laboratório) poderá optar por um método de controle por faixas atualmente aplicado em algumas indústrias do setor químico ou farmacêutico ou por qualquer outra ferramenta de avaliação e controle de riscos adequado.

Se a resposta for positiva, a situação deve ser examinada, e passa-se para a pergunta seguinte.

Pergunta 2 – O nanomaterial em questão já foi classificado de acordo com a legislação ou GHS nacional ou regional?

Se a resposta for positiva, então os riscos para a saúde humana identificados para aquele nanomaterial devem ser usados para classificá-lo de acordo com o nível de perigo correspondente. Além disso, deve-se avaliar a integridade do conjunto de informações utilizadas para a classificação e a rotulagem do produto.

Esta questão deve ser respondida com um "não" caso falte classificação para o nanomaterial e a rotulagem seja baseada em testes não feitos. Então, passa-se para a próxima questão.

Pergunta 3 – A solubilidade em água do nanomaterial é superior a 0,1 g/l?
Solubilidade refere-se ao grau em que um material pode ser dissolvido em outro de modo a resultar uma única, homogênea e temporária fase estável; isto ocorre quando as moléculas do material encontram-se completamente envoltas por solvente. É importante não confundir os conceitos de solubilidade e capacidade de dispersão, pois estamos interessados no potencial de um material perder seu caráter particulado, sua forma, tornando-se molecular ou iônica. Isto deve sempre ser observado, já que tal distinção pode ser difícil para suspensões coloidais de nanomateriais.

A medida de solubilidade é a massa máxima ou a concentração da solução que pode ser dissolvida em uma unidade de massa ou em um volume de solvente a uma temperatura e pressão padrão com unidades [kg/kg] ou [kg/(metros)^3] ou [mole/mole]). Um método possível para a avaliação da solubilidade de um nanomaterial está descrito nas diretrizes de teste TG105 da OECD.[159]

No contexto desta obra, solubilidade de um nanomaterial é levada em conta para a avaliação do seu potencial de perigo, e a escolha de solubilidade como um dos fatores para se atribuir um nível de perigo a um nanomaterial relaciona-se com as peculiaridades da toxicologia de materiais em suspensão.[132] Se o nanomaterial for altamente solúvel, então seu risco potencial deve ser abordado quanto à toxicidade da solução, sem qualquer consideração sobre a nanotoxicidade específica. Portanto, o processo de formação de níveis de risco deve aplicar-se apenas à baixa solubilidade do nanomaterial, pois, nesta situação, a probabilidade de nanomateriais escaparem para o ar é maior, aumentando o risco de contaminação do ambiente.

É sabido que a solubilidade em meios biológicos relevantes, como fluido de revestimento dos pulmões ou soro humano, é a mais apropriada; todavia, na ausência de meios convencionais, a água pode ser utilizada como um substituto do fluido apropriado. Então:

¬ Se a solubilidade em água for superior a 0,1 g/l, o material deve ser considerado um perigo químico clássico e o risco ser evitado utilizando-se um método de controle por faixa adequado, atualmente aplicado em algumas indústrias do setor químico, ou qualquer outra avaliação adequada de riscos e ferramentas de controle convencionais.[132]

¬ Se a solubilidade em água for inferior a 0,1 g/l, deve-se responder à próxima pergunta.

Pergunta 4 – O nanomaterial contém fibras biopersistentes ou estruturas parecidas com fibras, ou possui paradigma de fibra, o que o faz se tornar tóxico?

A importância de saber se o nanomaterial contém fibra longa, biopersistente, relaciona-se com o fato de algumas fibras respiráveis, biopersistentes, longas e rígidas, poderem penetrar o mesotélio, tais como a pleura, induzindo uma resposta inflamatória sustentável, como consequência de macrófagos, mediada pela frustração da fagocitose, que pode resultar mesotelioma. Esse mecanismo fisiopatológico é comumente apontado como "paradigma de fibra".

Biopersistência é a capacidade de uma fibra permanecer nos pulmões, apesar de seus mecanismos fisiológicos de limpeza, que são:

1 Transporte de partículas inteiras pela escada mucociliar e por macrófagos alveolares.

2 Dissolução das fibras.

COMO AVALIAR A SEGURANÇA DE NANOMATERIAIS **175**

3 Desintegração das fibras, ou seja, elas se quebram em partículas menores que podem ser expurgadas do sistema.[42]

Qualquer nanomaterial que se enquadre na definição de fibra rígida (em imagens de microscopia eletrônica, fibras livres de amostras coletadas aparecerão como fibras retas, com comprimento > 5 mm, diâmetro < 3 µm, e relação comprimento/diâmetro > 3) deve ser considerado um material com toxicidade definida pelo paradigma de fibra; portanto, pode ser alocado no nível de risco mais elevado, a não ser que dados toxicológicos provem o contrário.

Em algumas situações, pode haver nanomateriais com estruturas diferentes do formato de fibra, mas que podem potencialmente liberar fibras respiráveis. Até a presente data, poucos estudos foram realizados em relação à liberação potencial de fibras dessas nanoestruturas; assim sendo, por padrão, essas estruturas também devem ser alocadas no nível de risco mais elevado. No entanto, se dados toxicológicos fornecerem evidências de que a toxicidade dessas nanoestruturas não se relacionam ao paradigma de fibra, deve-se então atribuir ao material um nível de perigo correspondente para sua toxicidade. Se não houve toxidade pronunciada, deve-se então avaliar a próxima pergunta.

Pergunta 5 – Há indicações de perigo do nanomaterial?
Embora, na maioria dos casos, a caracterização do perigo total de um nanomaterial não esteja disponível, um conjunto limitado de testes de triagem pode permitir a atribuição de um nível de risco mais baixo, desde que esses testes para parâmetros de toxicidade que descrevem níveis de risco mais elevados retornem resultados negativos. Nesta abordagem de categorização de perigo, a classificação pode variar de A (praticamente sem perigo) a E (efeitos sem limiar, como carcinogenicidade ou sensibilização). Por exemplo, se os testes de triagem demonstrarem que um nanomaterial não tem propriedades de substâncias carcinogênicas, mutagênicas ou tóxicas para reprodução (CMRS – *carcinogenic,*

mutagenic or toxic to reproduction), então pode ser-lhe atribuído o nível de perigo D. A correlação entre os parâmetros de toxicidade de níveis de perigo encontram-se na Tabela 6.2, que contém as categorias de perigo e alocação de nanomateriais de acordo com as classes GHS para a saúde, enquanto uma análise preliminar da aplicabilidade das diretrizes de teste para nanomateriais foi feita pela OECD, em seu Guia para Testes da Aplicabilidade de Nanomateriais Produzidos.[103]

Considerando a situação em que haja informações abrangentes a respeito dos riscos, a atribuição dos níveis de risco aos nanomateriais deve seguir a mesma lógica adotada para materiais não nano, de acordo com a Tabela 6.2. Por exemplo, nanomateriais com propriedades de carcinogenicidade e mutagenicidade/sensibilização são atribuídos à categoria E; já os com perfis toxicológicos pronunciados ou propriedades tóxicas associadas para reprodução são colocados no nível de risco D. Atualmente, a maioria dos perigos relacionados a nanomateriais é, ao menos parcialmente, desconhecida. Para os nanomateriais mais utilizados, as categorias de risco baseiam-se na pouca informação disponível sobre os materiais em escala nano e as propriedades perigosas dos materiais-base ou de materiais análogos mássicos.

Quando se têm apenas informações toxicológicas limitadas a respeito de um nanomaterial e foram obtidos resultados negativos para parâmetros de toxicidade específica, tais dados devem ser avaliados em conjunto com todos os demais disponíveis do material-base ou de materiais similares. Com uma abordagem em camadas, as propriedades CMRS do nanomaterial podem ser avaliadas: se os testes de rastreio mostraram que um nanomaterial não possui essas propriedades, então pode ser alocado no nível de perigo D ou até mesmo em um nível inferior, como o C; tal escolha, porém, deve ser justificada com a informação toxicológica do material-base ou de material análogo. A próxima questão demonstra como lidar com esta situação.

Pergunta 6 – Existe um nível de perigo para um mesmo material na micro ou na macroescala?

Na ausência de informações específicas, as propriedades perigosas de um mesmo material fora da nanoescala ou de um material análogo fornecem uma base para a classificação de risco do nanomaterial. No entanto, deve ser salientado que ainda não se sabe até que ponto a toxicidade de um nanomaterial é influenciada pela toxicidade do mesmo material em micro ou em macroescala. Ainda assim, se a informação sobre a toxicidade do nanomaterial for muito limitada ou não existir, deve-se considerar a substância que lhe for quimicamente mais próxima, seja em micro, seja em macroescala, quer do mesmo material ou de material análogo. Quando o material fora da nanoescala existir, ele tem precedência sobre o análogo. Finalmente, se existirem várias opções para materiais similares, deve-se escolher a opção mais tóxica para a alocação do nível de perigo.

Se um material análogo existir na nanoescala e seu perfil toxicológico for conhecido, a atribuição do nanomaterial para um dos cinco níveis de risco (A a E) referir-se-á à classificação deste material de acordo com GHS (Tabela 6.2), usando o nível conhecido e elevando-o ao próximo nível de perigo (Nível de Perigo + 1), a não ser que esta pertença ao nível A, o menor possível. Neste caso, e na ausência de informações toxicológicas específicas, como uma abordagem de precaução, o nanomaterial correspondente será atribuído ao nível de perigo C.

Se não houver nenhuma indicação de um material fora da nanoescala ou de um material análogo, então o nanomaterial deve ser atribuído a E, o nível de risco máximo. Em geral, o resultado estimado do processo de análise confere níveis de perigo mais conservadores. No entanto, se for desejável uma análise mais precisa, será o caso de consultar um especialista, para que faça uma avaliação global do risco toxicológico a fim de que seja determinado o nível correto de risco de um nanomaterial, com a possibilidade de se alocá-lo em um nível de risco mais baixo. Esta decisão deve ser justificada e a documentação necessária devidamente gravada e mantida em segurança para posteriores avaliações e auditorias.

178 NANOSSEGURANÇA

Em consonância com o princípio de STOP, a avaliação do processo de nivelamento de perigo obedece a uma a árvore de decisão, como se vê na Figura 6.2, a seguir.

Figura 6.2 Árvore de decisão do processo de nivelamento de perigo de nanomaterial.[132]

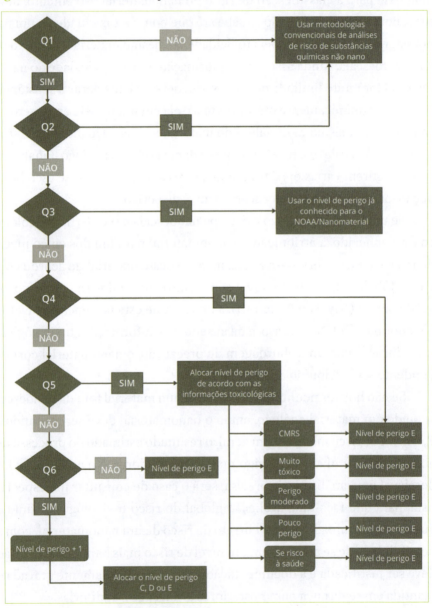

Se na avaliação for determinado que o nível de perigo de um nanomaterial é D ou E, deve-se considerar a possibilidade de ele ser modificado ou substituído por uma alternativa potencialmente menos perigosa mas que mantenha as mesmas propriedades requeridas para a sua aplicação.

6.1.1.2 Nivelamento da exposição

O objetivo principal deste nivelamento é fornecer um resumo ou síntese da informação de exposição disponível. O formato geral do nivelamento da exposição inclui os seguintes elementos:[132]

1 Declaração de propósito, escopo, nível de detalhe e abordagem utilizada na avaliação.
2 Estimativas de exposição para cada via relevante, tanto para indivíduos quanto para populações, como grupos de trabalhadores.
3 Avaliação da qualidade global da avaliação e do grau de confiança nas estimativas de exposição e as conclusões, incluindo as fontes e outras incertezas (ver ISO TS 12901-1).[42]

No controle por faixas, os elementos críticos de caracterização de exposição mais importantes para se determinar os níveis de exposição são:[132]

1 Forma física do nanomaterial
O estágio atual do ciclo de vida do nanomaterial é um parâmetro importante a ser considerado, uma vez que pode influenciar o potencial de exposição dos trabalhadores e, portanto, a seleção dos parâmetros de controle de risco. O nanomaterial pode estar na forma como é produzido, isto é, como um pó, assim como estar ancorado em uma matriz sólida ou ligado a um substrato, ou, ainda, encontrar-se em suspensão em um gás ou em um líquido, ou até mesmo como resíduo, e cada uma dessas diferentes fases tem seu próprio padrão de exposição. Deste modo, a forma física do nanomaterial (disponi-

bilidade de exposição) deve ser caracterizada por todo o ciclo de vida do produto, sendo esta informação importante para que o material seja tratado de maneira adequada e segura.

2 Quantidade de nanomaterial

Valores de nanomateriais processados ou fabricados no local de trabalho constituem um dos fatores mais importantes da exposição. A presença de grandes quantidades de nanomateriais no local de trabalho aumenta o potencial para a geração de maior concentração de nanomateriais no ar, o que pode aumentar os riscos à saúde.

3 Potencial de geração de poeira de processos

Processos de trabalho, como pulverização, empacotamento, atividades de manutenção e despejo, podem levar à geração de partículas em suspensão. Assim, é importante que os dados da atividade do operador e as operações do processo sejam analisados, a fim de se estimar a potência do processo para a liberação de nanomateriais no ar do local de trabalho. Isso implica a realização de um inventário das tarefas dos operadores, incluindo o registro dos momentos de início e de parada das operações, as etapas do processo etc.

4 Dados de medição da exposição real

Medições reais de exposição, quando é possível fazê-las, oferecem a melhor informação para a seleção do nível de exposição. Os resultados devem ser levados em conta na determinação do nível de exposição correspondente. A ISO/DPTS 12901-1 fornece informações sobre equipamentos de medição disponíveis, possíveis estratégias de medição e resultados interpretações.

5 Caracterização e medidas de controle

Medidas de controle de exposição implementadas no local de trabalho devem ser caracterizadas. Elas podem reduzir a exposição por meio da redução de emissão, transmissão e imissão, como exemplificado a seguir:

¬ **Redução de emissão:** nanomateriais manipulados na forma de suspensão ou incorporados em uma matriz ou pasta.

- **Redução de transmissão:**
  - Controle local, como contenção e/ou ventilação de exaustão local.
  - Ventilação geral, como ventilação natural ou mecânica.
- **Redução de imissão:**
  - Compartimento individual separando o trabalhador da fonte, como uma cabine ventilada.
  - Segregação da fonte com o trabalhador, ou seja, o isolamento de fontes do ambiente de trabalho em uma sala separada, sem contenção direta da própria fonte.
  - Uso de equipamentos de proteção individual.

Alocação de nível de exposição

Na utilização proativa de controle por faixas, seguindo o processo de nivelamento de perigo, a segunda etapa – nivelamento de exposição – tem como objetivo determinar o nível esperado de exposição dos trabalhadores. Isso é feito combinando-se o nivelamento de perigo por meio de uma matriz de controle por faixas, que determina o nível apropriado de controle, ou seja, a faixa de controle.

Os níveis de exposição caracterizam o potencial de nanomateriais se espalharem pelo ar sob condições normais do processo ou de operação. Ainda que medidas de controle já estejam implementadas, independente de quais sejam, elas não devem ser consideradas uma avaliação completa do risco potencial para os trabalhadores. Os níveis de exposição são definidos de acordo com o potencial de emissão dos nanomateriais livres ou vinculados e/ou ancorados a uma matriz. Para isso, leva-se em conta o formato físico em que o nanomaterial é produzido ou usado e, se for o caso, o estado da matriz em que estiver incorporado.[132] Deve-se considerar o formato físico do nanomaterial no início do processo e o modo como este é manuseado na estação de trabalho avaliada. Três categorias de propriedades físicas foram identificadas em ordem crescente de potencial de emissão: ancorado em matriz, suspenso em líquido e em forma de pó.

O formato físico é chave para se avaliar a emissividade de nanomaterial do produto final, bem como o potencial do nível de exposição do operador, considerando o manuseio e o uso do nanomaterial. Antes de qualquer alocação de um nanomaterial em um nível de exposição, cada estação de trabalho deve ser identificada e caracterizada em relação ao seu potencial de exposição relativamente aos processos ou operações de movimentação de nanomateriais desempenhados pelos trabalhadores. Além disso, o tipo de operação de manipulação ou de processo e/ou síntese também é de extrema importância para a determinação da probabilidade de exposição dos trabalhadores. Devem ser feitas algumas considerações, independentemente do formato do material, para que um nível de exposição apropriado seja definido:

- Características do material, como friabilidade, viscosidade e volatilidade.
- Processo ou operação de manipulação e sua capacidade de liberar aerossóis com nanomateriais ou poeira nos locais de trabalho.

Todos estes parâmetros contribuem para aumentar a probabilidade de exposição ao nanomaterial quando lançado no ar do ambiente de trabalho. Estas questões devem ser responsabilidade dos fiscais de Saúde e Segurança Ocupacional da própria organização ou qualquer outro membro da equipe que esteja bem informado sobre as características dos materiais, a natureza dos processos de interesse e as questões de saúde e segurança relacionados.

Processo de produção e síntese de nanomateriais

A probabilidade de exposição a nanomateriais durante os processos de síntese, produção e fabricação é altamente dependente do tipo de processo e do tipo de equipamento nele envolvido. Em alguns casos, devido a razões físico-químicas, o processo necessita ser feito em clausura (em pressão extremamente baixa ou atmosfera inerte); assim, a presença de uma barreira intrínseca, que é parte do equipamento, atribui um nível baixo de exposição a uma estação de trabalho. No entanto, a fim de evitar subestimação de um possível risco de vazamento de nanomateriais durante o processo, é recomendável não considerar essas barreiras intrínsecas durante o processo nivelamento de exposição (Figura 6.3), devendo-se vê-las apenas como medidas de proteção durante o processo final de faixa de controle.[132]

Figura 6.3 Processo de nivelamento de exposição: síntese, produção e manufatura.[132]

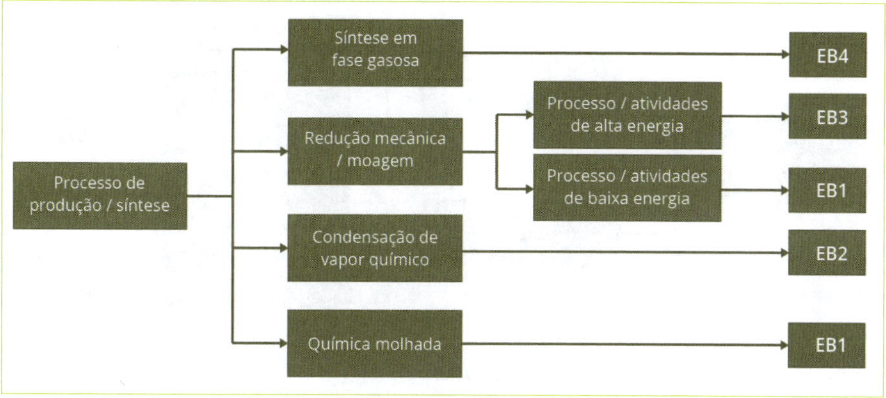

Nanomaterial ancorado em matriz sólida

Se os materiais sólidos a ser utilizados contiverem nanomateriais ou uma superfície coberta com nanomateriais, a probabilidade de liberarem partículas primárias no local de trabalho durante o processo ou atividade depende de dois parâmetros:

1 A força da ligação química entre o nanomaterial e a matriz sólida.
2 O grau de energia envolvido durante o processo ou a atividade.

Para um material composto de nanomateriais desancorados ou fracamente ancorados à matriz, há uma maior probabilidade de liberação de nanomateriais primários livres no ar quando ele for submetido a um processo ou atividade de baixa ou alta energia. Já no caso de um material composto de nanomateriais fortemente ancorados à matriz, a probabilidade de liberação de nanomateriais livres no ar é menor. O material, porém, quando submetido a um processo de atividade de energia elevada, pode acabar liberando partículas nanocompósitas compostas de nanomateriais primários envolvidos nos componentes da matriz.

O nivelamento de exposição para materiais sólidos está ilustrado na Figura 6.4:

Figura 6.4 Nivelamento de exposição para materiais sólidos.[132]

Nanomaterial em suspensão em líquido

A probabilidade de nanomateriais em soluções serem transportados pelo ar, sob condições normais de trabalho, depende principalmente da quantidade de material manipulado, da natureza do líquido e, mais especificamente, da sua viscosidade e do tipo de processo. Nos processos com formação deliberada de aerossóis, qualquer que seja a quantidade de nanomateriais tratados, o nível de exposição deve ser ajustado para 4, isto é, para o nível máximo.

Nos processos de produção, uso e manuseio, o potencial de exposição dos trabalhadores depende da quantidade de nanomateriais que estiver sendo tratada (em torno de 1 g de NOAA), do risco de formação de aerossóis ou da geração de pó, de acordo com as características do líquido (viscosidade, volatilidade) e do tipo de processo, como demonstrado na Figura 6.5. Além disso, nanomateriais suspensos em líquido também criam um risco de exposição dérmica em caso de derramamento ou respingos, o que requer o uso de luvas de proteção.

Figura 6.5 Nivelamento de exposição para nanomateriais suspensos em líquido.[132]

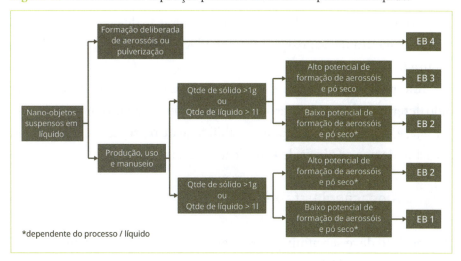

Nanomaterial em forma de pó

Quando tratados sob a forma de pó, o risco de criar exposição dos trabalhadores a nanomateriais depende da quantidade a ser tratada e da sua propensão de ficar livre no ar, o que está relacionado com sua sujidade, umidade e processamento. A qualquer processo deliberado de aerossolização e pulverização deve ser atribuído o nível de exposição má-

Figura 6.6 Nivelamento de exposição para nanomateriais em forma de pó.[132]

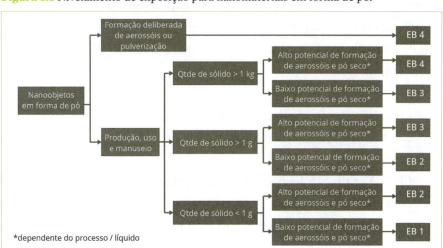

ximo (EB 4). Em outras situações, de acordo com as quantidades que estiverem sendo manipuladas e o risco de geração de poeira, o processo de nivelamento de exposição deve obedecer ao algoritmo descrito na Figura 6.6.

Em razão do princípio STOP, depois que o nível de exposição tiver sido determinado e se a faixa de exposição tiver recebido o nível máximo, ou seja, 4, deve-se considerar a possibilidade de o processo ser modificado, a fim de que os níveis de exposição sejam reduzidos.[132]

6.1.1.3 Alocação das faixas de controle

A exposição deve ser minimizada quando, seguindo a hierarquia de controle (princípio STOP: Substituição, medidas Técnicas, medidas Organizacionais e equipamentos de Proteção individual), as medidas não proporcionarem o controle adequado. Depois de avaliar o nivelamento de risco usando o algoritmo da árvore de decisão, se for determinado que o nível de perigo é D ou E, deve-se considerar a modificação ou a substituição do nanomaterial por uma alternativa potencialmente menos perigosa, mas que mantenha as propriedades requeridas. Além disso, se o nível de exposição determinado tiver sido 4, deve-se considerar a modificação do processo a fim de reduzir os níveis de exposição. Para se alcançar um equilíbrio entre a simplicidade e a eficácia da abordagem, cinco categorias de controle (ou faixas) são propostas para ajudar a prevenir a exposição a nanomateriais:[132]

- **CB 1:** Ventilação geral natural ou mecânica.
- **CB 2:** Ventilação local: exaustor, capa protetora, cobertura de mesa etc.
- **CB 3:** Ventilação fechada: cabine ventilada, capela, reator fechado com abertura normal.
- **CB 4:** Contenção completa: caixa de luva/bolsas, salas limpas com acesso controlado.

COMO AVALIAR A SEGURANÇA DE NANOMATERIAIS **187**

¬ **CB 5:** Contenção completa e revisão por um especialista; consultar agente especializado.

O controle por faixas é obtido combinando-se os níveis de perigo e de exposição de acordo com a matriz na Tabela 6.3, agora com a identificação dos graus de risco das faixas.

Tabela 6.3 Matriz de controle por faixas com os graus de risco identificados.[132]

Níveis		Exposição			
		EB1	EB2	EB3	EB4
	A	CB1	CB1	CB1	CB2
	B	CB1	CB1	CB2	CB3
Toxicidade	C	CB2	CB3	CB3	CB4
	D	CB3	CB4	CB4	CB5
	E	CB4	CB5	CB5	CB5

6.1.1.4 Validação do controle

A gravidade do perigo que um nanomaterial pode causar e seu potencial de emissão são os fatores que determinam os controles recomendados na abordagem proativa para o controle por faixas. Os resultados obtidos com esta abordagem dinâmica são controles recomendados para se reduzir e/ou mitigar a emissão, a transmissão e a imissão e, consequentemente, reduzir a exposição geral a nanomateriais, como apresentado na Figura 6.7.

Algumas das formas para se avaliar e validar a eficácia dos controles quanto à emissão, à transmissão e à imissão de nanomateriais no ambiente de trabalho são as seguintes:[157]

1 Monitoramento da saúde dos trabalhadores.
2 Medição dos níveis de exposição e comparação com padrões de exposição sobre nanomateriais publicados.

Figura 6.7 Fatores de mitigação de exposição.[104]

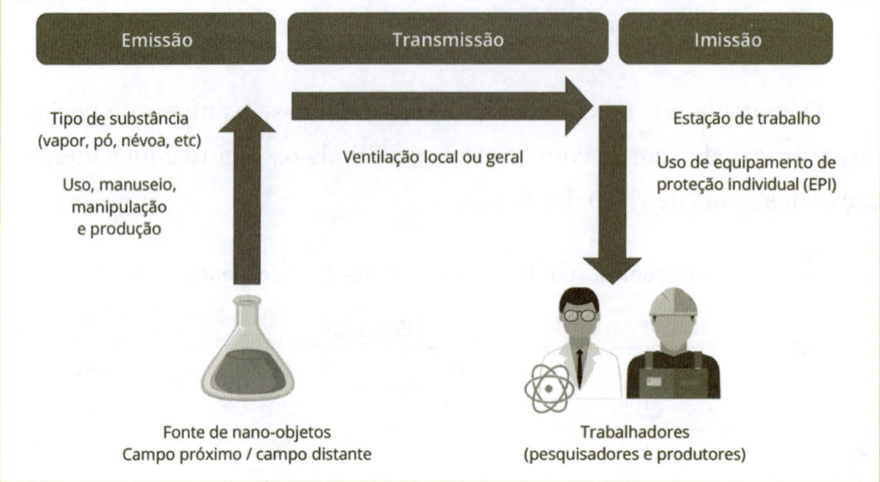

3   Determinação da faixa de risco para o nanomaterial, comparando com os níveis de exposição medidos para os OEL conhecidos (Tabela 6.2).

4   Avaliação dos controles, usando uma abordagem de nivelamento de risco.

6.2 Nivelamento do risco

Na estratégia de nivelamento do risco, controles de emissão, transmissão e imissão são avaliados no cálculo do nível de risco. Isso significa que as medidas de controle que já tiverem sido implementadas ou que possam vir a sê-las em um projeto de novo processo serão usadas como variáveis de entrada do modelo.[132] Utilizando uma abordagem retroativa, pode-se fazer uso do controle por faixas e até mesmo do processo de nivelamento de perigo para uma avaliação dos controles recomendados como saídas da abordagem proativa ou para uma avaliação de riscos propriamente dita.

Após a alocação de um composto em um nível de perigo e, subsequentemente, em um nível de exposição, é possível derivar o nível de risco e/ou de prioridade. Um exemplo genérico é demonstrado na Figura 6.8 e na Tabela 6.4, em que os níveis de risco resultantes proporcionam uma classificação relativa de risco para as atividades ocupacionais. No momento, não existe comparação quantitativa entre os níveis de exposição e de perigo, porque tanto um quanto outro baseiam-se em considerações qualitativas. O resultado do nivelamento de risco deve, portanto, ser considerado um nível de prioridade.

Figura 6.8 Processo de nivelamento de risco e validação com ação de *feedback*.[132]

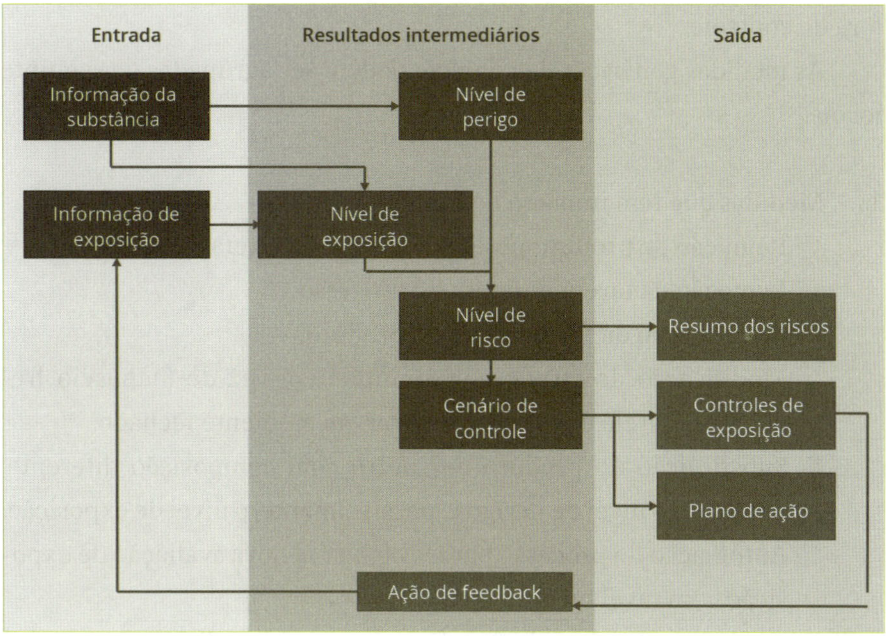

Tabela 6.4 Níveis de risco ou de prioridades.[132]

Níveis		Exposição			
		1	2	3	4
Perigo	A	Baixo	Baixo	Baixo	Médio
	B	Baixo	Baixo	Médio	Alto
	C	Baixo	Médio	Médio	Alto
	D	Médio	Médio	Alto	Alto
	E	Médio	Alto	Alto	Alto

Em comparação com a abordagem proativa, a retroativa apresenta uma estratégia de controle completa, de acordo com o princípio STOP, ensinando o usuário a iniciar a minimização de exposição no primeiro passo de controle, ou seja, nas medidas que têm impacto na fonte de produção de nanomateriais. Portanto, no processo de formação de níveis de riscos existe um circuito de retroalimentação (ação de *feedback*) de análise iterativa das medidas de controle para situações que se encontrem fora de controle.

As medidas genéricas de controle podem ser agrupadas da seguinte forma:[160]

1 Medidas que têm impacto na fonte:
  ⌐ Remoção de produto perigoso à saúde da tarefa de produção.
  ⌐ Remoção da tarefa perigosa do processo.
  ⌐ Modificação da forma física do produto.
  ⌐ Modificação da tarefa; por exemplo: em vez de manuseio frequente, a tarefa deve ser manusear em ambiente fechado.
  ⌐ Substituição do produto por outro com composição diferente, mudando o nível de perigo e, possivelmente, o nível de exposição.
  ⌐ Automação do processo para levar a uma nova avaliação de exposição com nível menor.
  ⌐ Mudança da ordem das tarefas; por exemplo: adicionar o nanopó ao líquido em vez do fazer o contrário.

2 Medidas que têm impacto diretamente ao redor da fonte:
  ⌐ Caixa de luvas/sacolas.
  ⌐ Contenção da fonte em combinação com ventilação local via exaustor; por exemplo: capela.
  ⌐ Contenção da fonte.
  ⌐ Ventilação local por meio de exaustor.
  ⌐ Limitação da emissão do produto; por exemplo: molhar o pó.

3 Medidas que afetam os arredores do trabalhador:
- Criação de ventilação natural e sua garantia.
- Instalação de ventilação mecânica geral.
- Uso de cabine de pulverização.

4 Medidas de adaptação da situação do trabalhador:
- Uso de cabines com suprimento de ar limpo; por exemplo: sala limpa.
- Uso de cabines sem suprimento de ar limpo; por exemplo: outros tipos de atmosfera.

5 Equipamento de proteção individual:
- Uso de equipamento de proteção respiratória.

A avaliação específica de uma medida de controle pode diminuir o nível de perigo (por remoção do produto perigoso à saúde a partir da tarefa de produção ou por substituição do produto por outro com composição diferente, menos perigoso) ou modificar o nível de exposição (aplicação de todas as medidas de controle). O princípio STOP orienta o usuário como reduzir o impacto da fonte na saúde ocupacional dos trabalhadores.

Atualmente, há apenas uma abordagem de nivelamento de risco na literatura, a ferramenta chamada Stoffenmanager Nano.[136] Tal abordagem abrange toda a cadeia de fornecimento do nanomaterial, que se divide em quatro domínios de origem geral, como descrito em um modelo nanoconceitual para a exposição por inalação:

1 Ponto ou emissões fugitivas durante a fase de produção antes da coleta do produto; por exemplo: vazamentos de conexões ou de vedações durante a síntese de nanomateriais/liberação acidental.

2 Manipulação e transferência de quantidades de nanopós.

3 Dispersão dos intermediários (sólidos ou líquidos) ou de nanomateriais projetados contendo produtos prontos; por exemplo, pulverização, vazamento de líquidos.

4   Atividades que resultem fratura e abrasão de nanomateriais incorporados em uma matriz sólida; por exemplo, lixamento de superfícies.

O modelo de exposição nano é usado para categorizar cenários em quatro níveis de exposição, assim como ocorre na abordagem proativa, diferindo desta apenas na derivação dos níveis de exposição: enquanto na abordagem proativa o nível de exposição é calculado de acordo com o nível potencial de emissão de nanomateriais, na abordagem por nivelamento de risco é determinado mediante um algoritmo de exposição de Van Duuren-Stuurman et al., como se vê na equação:[136]

$$B = [(C_{nf}) + (C_{ff}) + (C_{ds})] \cdot \eta_{imm} \cdot \eta_{ppe} \cdot t_h \cdot f_h$$
$$C_{nf} = E \cdot H \cdot \eta_{lc\_nf} \cdot \eta_{gv\_nf}$$
$$C_{nf} = E \cdot H \cdot \eta_{lc\_ff} \cdot \eta_{gv\_ff}$$
$$C_{ds} = E \cdot a$$

onde:

B = pontuação de exposição

t_h = multiplicador para a duração do tratamento

f_h = multiplicador para frequência do tratamento

C_{ds} = concentração de fundo, em razão de fontes de difusão (score)

C_{nf} = concentração (pontuação), em razão de fontes de campo próximo

C_{ff} = concentração (pontuação), em razão de fontes de campo distante

η_{imm} = multiplicador para a redução da exposição, em razão de medidas de controle do trabalhador

η_{ppe} = multiplicador para a redução da exposição, em razão do uso de equipamentos de proteção individual

E = multiplicador para emissão intrínseca

a = multiplicador para a influência relativa das fontes de fundo

H = manipulação (ou tarefa); multiplicador

η_{lc} = multiplicador para o efeito das medidas de controle local

η_{gv_nf} = multiplicador para o efeito de ventilação geral em relação ao tamanho da sala da exposição em razão de fontes de campo próximo

η_{gv_ff} = multiplicador para o efeito de ventilação geral em relação ao tamanho da sala em razão de fontes de campo distante

Combinando-se os níveis de perigo e de exposição define-se, então, o nível de risco ou priorização, como vimos na Tabela 6.4. Se se assumir que o algoritmo de Van Durran-Stuurman resulta riscos muito elevados, deve-se utilizar a avaliação iterativa de medidas de controle de acordo com o princípio STOP, a fim de que os níveis de perigo e de exposição sejam reduzidos a padrões aceitáveis de risco de saúde ocupacional dos trabalhadores.

A fim de oferecer uma visão dos diversos níveis de risco e suas respectivas prioridades entre as diferentes tarefas dentro de uma empresa,[161] o algoritmo de exposição fornece duas priorizações separadas para a exposição individual:

- Priorização de risco com base na exposição durante um evento produtivo.
- Priorização anual do risco, incluindo o peso da intensidade da exposição, a duração e a frequência e/ou ocorrência de uma tarefa na definição de prioridades, daí resultando uma priorização de risco de trabalho de 40 horas por semana em um ano-base.

Em resumo, a inclusão de nanomateriais em produtos ou a mudança do propósito de uso de nanomateriais e seus produtos pode afetar a qualidade, a segurança e/ou a efetividade do produto com nanotecnologia. Consequentemente, como em qualquer produto ao qual tenham sido agregadas novas propriedades ou que tenha tido suas propriedades alteradas, os métodos de teste e de coleta de dados devem ser validados de acordo com essas propriedades únicas e as funcionalidades dos nanomateriais empregados. Além disso, as questões em aberto sobre segurança, bem como a aplicabilidade dos métodos de segurança tradicionais para produtos que envolvam nanotecnologia, devem ser validadas de acordo com as características únicas do nanomaterial.

Recomenda-se que a avaliação de segurança para produtos que usem nanomateriais contenha:

- Características físico-químicas do nanomaterial.
- Aglomeração e distribuição de tamanho de partícula do nanomaterial em condição de testes de toxicidade correspondentes àqueles que serão aplicados no produto final.
- Nível potencial de perigo do produto e o potencial de aglomeração e de agregação de nanopartículas no produto final.
- Nível potencial de exposição ao produto e o potencial de aglomeração e de agregação de nanopartículas no produto final.
- Dosimetria para estudos toxicológicos *in vitro* e *in vivo*.
- Dados toxicológicos dos ingredientes e suas impurezas, dermático, penetração, irritação (pele e olhos) e estudos de sensibilização, mutagenicidade e/ou genotoxicidade *in vitro* e *in vivo*.
- Estudos clínicos para testes de ingredientes, produto final em voluntários humanos em ambiente controlado.
- Avaliação de risco usando a abordagem de controle por faixas.

Em conclusão, a segurança de produtos que contenham nanomateriais, incluindo cosméticos, fármacos e alimentos, deve ser validada mediante a análise das propriedades físico-químicas e biológicas dos nanomateriais e parâmetros toxicológicos relevantes para cada ingrediente em relação aos níveis de exposição resultantes do propósito de uso do produto final. Se se deseja utilizar um nanomaterial, seja ele novo, seja uma versão alterada, o API.nano encoraja a discutir conosco os métodos de testes e os dados necessários para fundamentar a segurança do produto, incluindo a toxicidade a curto e longo prazos, de acordo com a sua aplicação.

(F) Diretrizes e boas práticas para avaliação de segurança de nanomateriais

DIRETRIZES E ORIENTAÇÕES

◊ Utilizar o controle por faixas de forma proativa, com base em exposições antecipadas que utilizem fatores básicos de atenuantes do potencial de exposição ou em uma abordagem retroativa ou faixas de risco, que tenham como base uma avaliação de risco sobre os fatores de exposição, incluindo medidas de controle de mitigação atuais ou a serem implementadas. Ambos os casos utilizam uma abordagem em camadas:

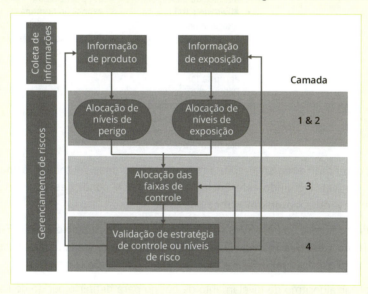

◊ Coletar informações e dados que sejam pré-requisitos de entrada para se implementar o controle por faixas, especialmente considerando nanomateriais para os quais não é possível estabelecer valores-limite com base na saúde, em que é importante documentar as substâncias utilizadas, as medidas de proteção adotadas, as condições de trabalho e, eventualmente, as medidas de exposição:

Identificação	Propriedades físico-químicas e/ou biológicas e caracterização	Dados toxicológicos
• Nome do NOAA/ nanomaterial • Número CAS • Nome Iupac • Fórmula estrutural/ estrutura molecular • Composição do NOAA a ser testado • Morfologia básica • Descrição da química de superfície	• Aglomeração/agregação • Solubilidade em água • Fase cristalina • Tamanho de grão • Pulverulência • Imagens TEM representativas • Distribuição de tamanho de partícula • Área específica de superfície • Química de superfície • Atividade catalítica ou fotocatalítica • Densidade do pó • Porosidade • Coeficiente dep (quando apropriado) • Potencial de redução • Formação de radical • Outras informações relevantes (biopersistência, biointeração etc.)	• Farmacocinética (adsorção, distribuição, metabolismo, eliminação) • Toxicidade aguda • Toxicidade de dose repetida (se disponível) • Toxicidade crônica • Toxicidade reprodutiva • Toxicidade no desenvolvimento • Toxicidade genética • Experiência com exposição humana • Dados epidemiológicos • Outros dados de testes toxicológicos

◊ Documentar e registrar com a maior precisão possível toda informação disponível, incluindo referências a tamanho e condições de medição, para eventuais problemas médicos futuros.

◊ Utilizar controles para evitar perigos com base no princípio STOP – Substituição, medidas Técnicas, medidas Organizacionais e equipamentos de Proteção individual (EPI) – antes de definir o nível de perigo.

◊ Utilizar algoritmo de nivelamento de perigo para definir o perigo de nanomateriais com as respostas das perguntas, alocando as categorias de A a E:

- O produto contém nanomaterial/NOAA?
- O nanomaterial identificado já foi classificado de acordo com a legislação ou GHS nacional ou regional?
- A solubilidade em água do nanomaterial é superior a 0,1 g/l?
- O nanomaterial contém fibras biopersistentes ou estruturas parecidas com fibras ou possui paradigma de fibra, o que o faz se tornar tóxico?
- Há indicações de perigo do nanomaterial?
- Existe um nível de perigo para um mesmo material na micro ou na macroescala?

◊ Utilizar os algoritmos de nivelamento de exposição para definir os níveis de exposição a nanomateriais com base nas seguintes situações:

- *Processo de produção e síntese de nanomateriais* – A probabilidade de exposição a nanomateriais durante os processos de síntese, produção e fabricação é altamente dependente do tipo de processo e de equipamento envolvido no processo.
- *Nanomaterial ancorado em matriz sólida* – Se materiais sólidos a serem utilizados contiverem nanomateriais ou uma superfície coberta por nanomateriais, a probabilidade de estes liberarem partículas primárias no local de trabalho durante o processo ou a atividade depende de dois parâmetros:
  ○ A força da ligação química entre o nanomaterial e a matriz sólida.
  ○ O grau de energia envolvido durante o processo ou a atividade.
- *Nanomaterial em suspenso em líquido* – A probabilidade de nanomateriais em soluções ser transportados pelo ar, sob condições normais de trabalho, depende principalmente da quantidade de material que estiver sendo manipulado, da natureza do líquido e, mais especificamente, da sua viscosidade e do tipo de processo.
- *Nanomaterial em forma de pó* – O risco de se criar exposição dos trabalhadores a nanomateriais depende da quantidade de nanomaterial a ser tratada e da propensão que este tiver de ficar livre no ar, o que se relaciona com sujidade, umidade e processamento do nanomaterial.

◊ Avaliar a eficácia dos controles quanto à emissão, transmissão e imissão de nanomateriais no ambiente de trabalho:

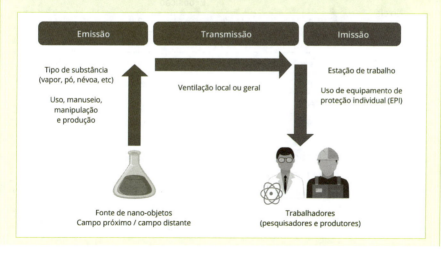

◊ Utilizar o nivelamento de risco para avaliar de que forma as medidas de controle já implementadas ou que possam sê-las em um projeto afetam a emissão, a transmissão e a imissão de nanomateriais no ambiente de trabalho:

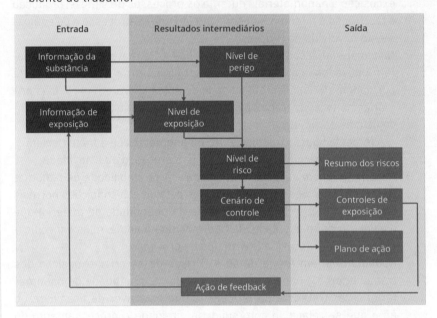

◊ Após alocar os níveis de perigo e exposição, utilizar a ferramenta de controle por faixas, a fim de derivar o nível de risco ou de prioridade:

Níveis		Exposição			
		1	2	3	4
Perigo	A	Baixo	Baixo	Baixo	Médio
	B	Baixo	Baixo	Médio	Alto
	C	Baixo	Médio	Médio	Alto
	D	Médio	Médio	Alto	Alto
	E	Médio	Alto	Alto	Alto

- *Baixo* – Ventilação geral natural ou mecânica e/ou ventilação local (exaustor, capa protetora, cobertura de mesa etc.).
- *Médio* – Ventilação fechada (cabine ventilada, capela, reator fechado com abertura normal) e/ou contenção completa (caixa de luva e/ou bolsas, salas limpas com acesso controlado).

COMO AVALIAR A SEGURANÇA DE NANOMATERIAIS **199**

- *Alto* – Contenção completa e revisão por um especialista (consultar agente especializado).

BOAS PRÁTICAS

◊ Documente e registre com a maior precisão possível toda informação disponível, incluindo referências a tamanho e condições de medição, para eventuais problemas médicos futuros. Todos os dados de entrada devem ser documentados para posterior rastreabilidade por meio de um sistema de gestão de documentação apropriada.

◊ As informações do material podem estar relacionadas a vários critérios de toxicidade, descrita ou suspeita, encontrados na literatura ou documentação técnica do produto, como rotulagem, classificação do produto, histórico de toxicidade.

◊ Seja qual for a abordagem, a implementação do controle por faixas deve ser coerente com a hierarquia dos controles para evitar perigos, o que constitui o princípio STOP, ou seja: Substituição, medidas Técnicas, medidas Organizacionais e equipamentos de Proteção individual (EPI), sendo este o último recurso quando as medidas anteriores não proporcionarem um controle adequado.

◊ A alocação de nivelamento por perigo pode variar de acordo com as disposições legais nacionais de cada país que as aplica.

◊ Quando se têm apenas informações toxicológicas limitadas a respeito do nanomaterial e foram obtidos resultados negativos para parâmetros de toxicidade específica, tais dados devem ser avaliados em conjunto com todos os demais disponíveis do material-base ou similares.

◊ É importante não confundir os conceitos de solubilidade e capacidade de dispersão, pois solubilidade é o grau em que um material pode ser dissolvido em outro material, daí resultando uma única, homogênea e temporária fase estável; capacidade de dispersão é o potencial de um material em perder seu caráter de particulado e mudar sua forma para uma forma molecular ou iônica. Esta distinção pode ser difícil para suspensões coloidais de nanomateriais.

◊ Quando o nanomaterial é altamente solúvel (0,1 g/l), seu risco potencial deve ser abordado no que diz respeito à toxicidade da solução, sem qualquer consideração quanto à nanotoxicidade específica. No entanto, se o nanomaterial apresentar baixa solubilidade (0,1 g//l) e contiver fibras biopersistentes ou estruturas parecidas com fibras ou paradigma de fibra, a probabilidade de escapar para o ar é maior, aumentando o risco de contaminação do ambiente e de doença pulmonar.

◊ Qualquer nanomaterial que se enquadre na definição de fibra rígida (fibras retas com comprimento > 5 mm, diâmetro < 3 μm e relação comprimento/diâmetro > 3) deve ser considerado um material com toxicidade definida pelo paradigma de fibra; portanto, pode ser alocado no nível de risco mais elevado, a não ser que dados toxicológicos provem o contrário.

◊ Quando testes de triagem demonstrarem que um nanomaterial não tem propriedades: de perfis toxicológicos pronunciados, para reprodução tóxicas ou de substâncias carcinogênica, mutagênica ou tóxica para reprodução (CMRS), então pode ser-lhe atribuído o nível de perigo D.

◊ Nanomateriais com propriedades de carcinogenicidade e mutagenicidade e/ou sensibilização são atribuídos à categoria E.

◊ Na ausência de informações específicas sobre um nanomaterial, as propriedades perigosas do mesmo material fora da nanoescala ou de um material análogo fornecem uma base para a sua classificação de risco.

◊ Quando a informação sobre a toxicidade do nanomaterial for muito limitada ou inexistente, a substância que lhe for quimicamente mais próxima deve ser considerada, seja em micro, seja em macroescala, quer do mesmo material ou de material análogo.

◊ Quando um material análogo correspondente existir na nanoescala e seu perfil toxicológico for conhecido, deve-se usar este nível conhecido e elevá-lo ao próximo nível de perigo (nível de perigo + 1), a não ser que ele pertença ao nível A, o menor possível.

◊ Na ausência de informações toxicológicas específicas, como uma abordagem de precaução, o nanomaterial correspondente será atribuído ao nível de perigo C.

◊ Se não houver nenhuma indicação de um material fora da nanoescala, ou de um material análogo, então o nanomaterial deve ser atribuído a E, o nível de risco máximo.

◊ Quando for desejável uma análise mais precisa do risco, será preciso consultar um especialista para que faça uma avaliação global do risco

COMO AVALIAR A SEGURANÇA DE NANOMATERIAIS **201**

toxicológico, a fim de que seja determinado o nível correto de risco de um nanomaterial, com a possibilidade de se alocá-lo em um nível de risco mais baixo. Esta decisão deve ser justificada e a documentação necessária devidamente gravada em segurança para posteriores avaliações e auditorias.

◊ Realize o nivelamento de exposição usando os seguintes elementos:

1 Declaração de propósito, escopo, nível de detalhe e abordagem utilizada na avaliação.
2 Estimativas de exposição para cada via relevante, tanto para indivíduos quanto para populações (por exemplo, grupos de trabalhadores).
3 Avaliação da qualidade global da avaliação e do grau de confiança nas estimativas de exposição e as conclusões, incluindo as fontes e outras incertezas.

◊ Os níveis de exposição são definidos de acordo com o potencial de emissão dos nanomateriais livres ou vinculados e/ou ancorados a uma matriz. Deve-se considerar o formato físico do nanomaterial no início do processo e como este é manuseado na estação de trabalho avaliada. Três categorias de propriedades físicas foram identificadas em ordem crescente de potencial de emissão: ancorado em matriz, suspenso em líquido, em forma de pó.

◊ O formato físico é chave para se avaliar a emissividade de nanomaterial do produto final, bem como o potencial do nível de exposição do operador, considerando o manuseio e o uso do nanomaterial.

◊ O tipo de operação de manipulação ou de processo e/ou síntese também é de extrema importância para a determinação da probabilidade de exposição dos trabalhadores.

◊ Independentemente do formato do material, devem ser feitas algumas considerações para que um nível de exposição apropriado seja definido:

• Características do material, como friabilidade, viscosidade, volatilidade;
• Processo ou operação de manipulação e sua capacidade de liberar aerossóis com nanomateriais ou poeira nos locais de trabalho.

◊ Quando se determinar que o nível de perigo é D ou E, deve-se considerar a modificação ou a substituição do nanomaterial por uma alternativa potencialmente menos perigosa, mas que mantenha as propriedades requeridas.

NANOSSEGURANÇA

◊ Quando se determinar que o nível de exposição é 4, deve-se considerar a modificação do processo para reduzir os níveis de exposição.

◊ O controle por faixas é obtido combinando-se os níveis de perigo com os de exposição.

◊ A gravidade do perigo que um nanomaterial pode causar e seu potencial de emissão são os fatores que determinam os controles recomendados na abordagem proativa para controle por faixas. Os resultados obtidos com esta abordagem dinâmica são controles recomendados para reduzir e/ou mitigar a emissão, a transmissão e a imissão, e, consequentemente, reduzir a exposição geral de nanomateriais.

◊ Na abordagem retroativa, pode-se utilizar o controle por faixas e até mesmo o processo de nivelamento de perigo para uma avaliação dos controles recomendados como saídas da abordagem proativa ou para uma avaliação de riscos propriamente dita.

◊ Em comparação com a abordagem proativa, a retroativa apresenta uma estratégia de controle completa de acordo com o princípio STOP, ensinando o usuário a iniciar a minimização de exposição no primeiro passo de controle, ou seja, nas medidas que têm impacto na fonte de produção de nanomateriais.

◊ Há no processo de formação de níveis de riscos um circuito de retroalimentação (ação de *feedback*) de análise iterativa das medidas de controle para situações que se encontrem fora de controle:

1 Medidas que têm impacto na fonte:
   ◦ Remoção de produtos perigosos à saúde da tarefa de produção.
   ◦ Remoção da tarefa perigosa do processo.
   ◦ Modificação da forma física do produto.
   ◦ Modificação da tarefa, por exemplo: em vez de manuseio frequente, a tarefa deve ser manuseada em ambiente fechado.
   ◦ Substituição do produto por outro com composição diferente, mudando o nível de perigo e, possivelmente, o de exposição.
   ◦ Automação do processo para levar a uma nova avaliação de exposição com nível menor.
   ◦ Mudança da ordem das tarefas; por exemplo: adicionar o nanopó ao líquido em vez de fazer o contrário.

2 Medidas que têm impacto diretamente ao redor da fonte:
   ◦ Caixa de luvas/sacolas.

COMO AVALIAR A SEGURANÇA DE NANOMATERIAIS **203**

- ○ Contenção da fonte em combinação com ventilação local via exaustor; por exemplo: capela.
- ○ Contenção da fonte.
- ○ Ventilação local por meio de exaustor.
- ○ Limitação da emissão do produto; por exemplo: molhar o pó.
3 Medidas que afetam os arredores do trabalhador:
- ○ Criação de ventilação natural e sua garantia.
- ○ Instalação de ventilação mecânica geral.
- ○ Uso de cabine de pulverização.
4 Medidas de adaptação da situação do trabalhador:
- ○ Uso de cabines com suprimento de ar limpo; por exemplo: sala limpa.
- ○ Uso de cabines sem suprimento de ar limpo; por exemplo: outros tipos de atmosfera.
5 Equipamento de proteção pessoal:
- ○ Uso de equipamento de proteção respiratória.

◊ Existe apenas uma abordagem de nivelamento de risco na literatura, a ferramenta chamada Stoffenmanager Nano, que abrange toda a cadeia de fornecimento do nanomaterial, dividida em quatro domínios de origem geral:

1 Ponto ou emissões fugitivas durante a fase de produção antes da coleta do produto; por exemplo: vazamentos de conexões ou de vedações durante a síntese de nanomateriais/liberação acidental.
2 Manipulação e transferência de quantidades de nanopós.
3 Dispersão dos intermediários (sólidos ou líquidos) ou de nanomateriais projetados contendo produtos prontos; por exemplo, pulverização, vazamento de líquidos.
4 Atividades que resultem fratura e abrasão de nanomateriais incorporados em uma matriz sólida; por exemplo, lixamento de superfícies.

◊ Recomenda-se que a avaliação de segurança para produtos que usem nanomateriais deve conter:

- ○ Características físico-químicas do nanomaterial.
- ○ Aglomeração e distribuição de tamanho de partícula do nanomaterial em condição de testes de toxicidade correspondentes àqueles que serão aplicados no produto final.
- ○ Nível potencial de perigo do produto e o potencial de aglomeração e de agregação de nanopartículas no produto final.

- Nível potencial de exposição ao produto e o potencial de aglomeração e de agregação de nanopartículas no produto final.
- Dosimetria para estudos toxicológicos *in vitro* e *in vivo*.
- Dados toxicológicos dos ingredientes e suas impurezas, dermático, penetração, irritação (pele e olhos) e estudos de sensibilização, mutagenicidade e/ou genotoxicidade *in vitro* e *in vivo*.
- Estudos clínicos para testes de ingredientes, produto final em voluntários humanos em ambiente controlado.
- Avaliação de risco usando a abordagem de controle por faixas.

Siglas

- **AFM:** *Atomic Force Microscopy* (microscópio de força atômica)
- **ANSES:** *Agence Nationale de Sécurité Sanitaire de L'alimentation, de L'environnement et du Travail* (Agência de segurança nacional de saúde, alimentação, ambiente e trabalho)
- **ANSI:** *American National Standards Institute* (Instituto Nacional Norte-Americano de Padrões)
- **APCVD:** *Atmospheric pressure chemical vapor deposition* (deposição química em pressão atmosférica em fase vapor)
- **API.nano:** Arranjo promotor de inovação em nanotecnologia
- **APM:** *Aerosol particle mass* (analisador de massa de partícula de aerossol)
- **ASTM:** *American Society for Testing and Materials* (Sociedade Americana de Testes e Materiais)
- **BCOP:** *Bovine corneal opacity and permeability* (opacidade e permeabilidade de córnea bovina)
- **BET:** Brunauer, Emmett e Teller
- **BioSAXS:** *Biological small angle scattering* (difusão por raios X de baixo ângulo para biologia)
- **BMD:** *Benchmark dose* (dosagem de referência)
- **BMDL:** *Benchmark dose with lower confidence limit* (dosagem de referência com baixo limite de confiança)
- **BMR:** *Benchmark response* (resposta padrão)
- **CARS:** *Coherent anti-stokes Raman* (Raman coerente anti-stokes)
- **CAS:** *Chemical Abstracts Service Registry* (Serviço de Registro de Indexação de Publicações sobre Químicos)
- **CBE:** *Chemical beam epitaxy* (epitaxia de feixe químico)
- **CCD:** *Charge-coupled device* (dispositivo de carga acoplada)

- **CEA:** *Comprehensive environmental assessment* (avaliação de ciclo de vida do impacto ambiental)
- **CERTI:** Fundação Centros de Referência em Tecnologias Inovadoras
- **CFTA:** *Personal Care Products Council* (Associação de Cosméticos, Produtos de Higiene e Fragrâncias)
- **CMRS:** *Carcinogenic, mutagenic, reprotoxic substances* (substâncias carcinogênicas, mutagênicas ou tóxicas para reprodução)
- **CNT:** *Carbon nanotubes* (nanotubos de carbono)
- **COSHH:** *Control of substances hazardous to health* (controle de substâncias perigosas a saúde)
- **CPC:** *Condensation particle counter* (contador de partícula por condensação)
- **CVC:** *Chemical vapour condensation* (condensação por vapor químico)
- **CVD:** *Chemical vapor deposition* (deposição química em fase vapor)
- **CVI:** *Chemical vapour infiltration* (infiltração química em fase vapor)
- **DFG MAK:** Deutsche forschungsgemeinschaf – Ständige senatskommission zur prüfung gesundheitsschädlicher arbeitsstoffe (Fundação Alemã de Pesquisa – Comissão permanente do senado para a investigação de riscos de compostos químicos para a saúde na área de trabalho)
- **DLS:** *Dynamic light scattering* (difusão dinâmica de luz)
- **DLVO:** Derjaguin-Landau-Verwey-Overbeek
- **DMA:** *Differential mobility analysis* (analisador de mobilidade diferencial)
- **DMPS:** *Differential mobility particle sizer* (analisador de mobilidade diferencial de tamanho de partícula)
- **DNA:** *Deoxyribonucleic acid* (ácido desoxirribonucleico)
- **EAD:** *Electrical aerosol detector* (detector elétrico de aerossol)
- **ECD:** *Equivalent circular diameter* (diâmetro circular equivalente)
- **ECHA:** *European Chemicals Agency* (Agência Europeia das Substâncias Químicas)
- **ECVAM:** *European Center for Validation of Alternative Methods* (Centro Europeu para a Validação de Métodos Alternativos)
- **ENM:** *Engineered nanomaterials*

- **EPI:** Equipamentos de proteção individual
- **E-TEM:** *Environmental transmission electron microscopy* (microscópio eletrônico de transmissão ambiental)
- **Fapesc:** Fundação de Amparo à Pesquisa e Inovação do Estado de Santa Catarina
- **FDA:** *U.S. Food and Drug Administration* (Administração Federal de Alimentos e Medicamentos dos Estados Unidos)
- **Gestis:** *Database on hazardous substances* (base de dados sobre substâncias perigosas)
- **GHS:** *Globally Harmonized System* (Sistema Globalmente Harmonizado para a classificação e rotulagem de produtos químicos)
- **Gisaxs:** *Grazing-incidence small-angle scattering* (incidência rasante de difusão por raio-x de baixo ângulo)
- **Harn:** *High aspect ratio nanomaterials* (materiais com grande proporção de aspecto)
- **HRTEM:** *High resolution transmission electron microscopy* (microscópio eletrônico de transmissão de alta resolução)
- **HSE-UK:** *Health and Safety Executive* (Agência Inglesa de Higiene, Segurança e Meio Ambiente)
- **ICCR:** *International Cooperation Cosmetics Regulations* (Cooperação Internacional para a Regulamentação de Cosméticos)
- **ICCVAM:** *Interagency Coordinate Committee on the Validation of Alternative Methods* (Comitê de Coordenação Interagências para a Validação de Métodos Alternativos)
- **ICE:** *Isolated chicken eye test* (teste de olho de galinha isolado)
- **ICP:** *Inductively coupled plasma* (plasma indutivamente acoplado)
- **IOM:** *Institute of Occupational Medicine* (Instituto de Medicina Ocupacional)
- **ISO:** International Organization for Standardization (Organização Internacional para Padronização)
- **Iupac:** *International Union of Pure and Applied Chemistry* (União Internacional de Química Pura e Aplicada)

- **LCRA:** *Life cycle risk assessment* (análise de risco do ciclo de vida)
- **LCVD:** *Laser chemical vapour deposition* (deposição química em fase vapor por laser)
- **LNLS:** Laboratório nacional de luz síncrotron
- **LOAEL:** *Lowest-observed-adverse-effect level* (menor limite de dose com efeitos adversos observados)
- **LPCVD:** *Low pressure chemical vapour deposition* (deposição química em baixa pressão atmosférica em fase vapor)
- **MCDA:** *Multiple-criteria decision analysis* (abordagem de multicritério de análise de decisão)
- **MoA:** *Mode of action* (modo de ação)
- **MOCVD:** *Metal-organic chemical vapour deposition* (deposição química organometálica em fase vapor)
- **MWNT:** *Multi-walled nanotubes* (nanotubos de parede múltipla)
- **Nano LCRA:** *Nanomaterials life cycle risk assessment* (análise de risco do ciclo de vida de nanomateriais)
- **Nanotox Rede:** Nanotox – Toxicidade de nanopartículas em sistemas biológicos
- **NIOSH:** *National Institute for Occupational Safety and Health* (Instituto Nacional para a Saúde e Segurança do Trabalho dos Estados Unidos)
- **NIOSH REL:** *National Institute for Occupational Safety and Health Recommended Exposure Limit* (limite de exposição do NIOSH – Instituto Nacional para a Saúde e Segurança do Trabalho dos Estados Unidos)
- **NMP:** Nanomateriais projetados
- **NMR:** *Nuclear magnetic resonance* (ressonância magnética nuclear)
- **NN:** *Naturally occurring nanomaterials* (nanomateriais naturais)
- **NNI:** U.S. *national nanotechnology initiative* (iniciativa nacional de nanotecnologias dos Estados Unidos)
- **NOAA:** *Nanoobjects aggregate and agglomerate* (Nano-objetos agregados e aglomerados)
- **NOAEL:** *No-observed-adverse-effect level* (limite de dose sem efeitos adversos observados)

- **NRTP:** *Neutral red uptake phototoxicity* (ensaio de fototoxicidade de captação de vermelho neutro)
- **NSAM:** *Nanoparticle surface area monitor* (monitor de área de superfície de nanopartícula)
- **NTA:** *Nanoparticle tracking analysis* (análise do rastreamento de partículas)
- **NTF:** *Nanotechnology task force* (força-tarefa de nanotecnologia)
- **OEB:** *Occupational exposure band* (faixa de exposição ocupacional)
- **OECD:** *Organisation for economic co-operation and development* (Organização para a Cooperação e Desenvolvimento Econômico)
- **OEL:** *Occupational exposure limit* (limites de exposição ocupacional)
- **OPC:** *Otical particle counter* (contadores ópticos de partículas)
- **OSHA:** *Occupational Safety and Health Administration* (Agência de Segurança e Saúde Ocupacional)
- **PACVD:** *Plasma assisted chemical vapour deposition* (deposição química em fase vapor assistida por plasma)
- **PCS:** *Photon correlation spectroscopy* (espectroscopia por correlação de fótons)
- **PCVD:** *Photochemical vapour deposition* (deposição fotoquímica em fase vapor)
- **PECVD:** *Plasma enhanced chemical vapour deposition* (deposição química em fase vapor por plasma avançado)
- **Print:** *Particle replication in non-wetting templates* (replicação de partículas em modelos não umectantes)
- **PZT:** Titanato zirconato de chumbo
- **QRA:** *Quality risk assessment* (avaliação quantitativa de risco)
- **RfD:** *Reference dose* (dosagem de referência)
- **SAXS:** *Small-angle X-ray scattering* (difusão por raios X de baixo ângulo)
- **SEM:** *Scanning electron microscope* (microscópio eletrônico de varredura)
- **SMPS:** *Scanning mobility particle sizer spectrometer* (escaneamento de mobilidade e tamanho de partícula)

- **SPM:** *Scanning probe microscopy* (microscopia de varredura por sonda)
- **SRS:** *Stimulated Raman* (estimulado de Raman)
- **SSA:** *Specific surface area* (área superficial específica)
- **STEM:** *Scanning transmission electron microscopy* (microscópio eletrônico de varredura por transmissão)
- **STM:** *Scanning tunneling microscope* (microscópio de corrente de tunelamento)
- **STOP:** *Substitution, technical measures, organizational measures, personal protective equipment* (substituição, medidas técnicas, medidas organizacionais e equipamentos de proteção individual)
- **STOT RE:** *Specific target organ toxicity – repeated exposure* (toxicidade para órgãos-alvo específicos – exposição repetida)
- **SWNT:** *Single-wall nanotubes* (nanotubos de parede simples)
- **TEM:** *Transmission electron microscopy* (microscópio eletrônico de transmissão)
- **TWA:** *Time-weighted average* (média ponderada de tempo)
- **VSSA:** *Volume specific surface area* (volume de área superficial específica)
- **WAB:** Warren-Averbach-Bertaut
- **WAXS:** *Wide-angle X-ray scattering* (difusão por raios X de ângulo ampliado)
- **WHO:** *World Health Organization* (Organização Mundial da Saúde [OMS])
- **XRD:** *X-ray diffraction* (difração por raios X)

Referências

1. FDA-GN. Considering Whether an FDA-Regulated Product Involves the Application of Nanotechnology, Guidance for Industry. 2014. Disponível em: <http://www.fda.gov/downloads/RegulatoryInformation/Guidances/UCM401695.pdf>. Acesso em: 26 dez. 2015.

2. LCA EU. Project on Emerging Nanotechnologies: Nanotechnology and Life Cycle Assessment: A Systems Approach to Nanotechnology and the Environment. 2007. Disponível em: <ftp://ftp.cordis.europa.eu/pub/nanotechnology/docs/lca_nanotechnology_workshopoct2006_proceedings_en.pdf>. Acesso em: 26 dez. 2015.

3. NTF. A Report of the U.S. Food and Drug Administration Nanotechnology Task Force. Food and Drug Administration. 2007. Disponível em: <http://www.fda.gov/ScienceResearch/SpecialTopics/Nanotechnology/UCM2006659.htm>. Acesso em: 26 dez. 2015.

4. Safenano EC. Working Safely with Nanomaterials in Research & Development. 2012. Disponível em: <http://www.safenano.org/media/64896/Working Safely with Nanomaterials - Release 1 0 - Aug2012.pdf>. Acesso em: 26 dez. 2015.

5. HSE-UK. Using nanomaterials at work. 2013. Disponível em: <http://www.hse.gov.uk/pubns/books/hsg272.pdf>. Acesso em: 26 dez. 2015.

6. NIOSH/ONANI/OSU. GoodNanoGuide. 2008. Disponível em: <https://nanohub.org/groups/gng?page=HomePage>. Acesso em: 26 dez. 2015

7. OECD. Scientific Committee on Emerging and Newly-Identified Health Risks Opinion on the Appropriateness of the Risk Assessment Methodology in accordance with the Technical Guidance Documents for New and Existing Substances for Assessing the Risks of Nanomaterials, 2007.

8. Jones RAL. *Soft Machines*: Nanotechnology and Life. Oxford Univ. Press, 2008, 228 p.

9. Berti LA. *Modeling Mobility*: Nanodevices swimming at nanoscale. Sheffield, UK, 2010.

10. O'Connor CM & Adams JU. Essentials of Cell Biology. Cambridge, MA, 2010. Disponível em: <http://www.nature.com/scitable/ebooks/essentials-of-cell-biology-14749010>. Acesso em: 26 dez. 2015.

11   Saito K, Aoki T, Yanagida T. Movement of single myosin filaments and myosin step size on an actin filament suspended in solution by a laser trap. *Biophys J.*, Mar. 1994 [cit. 1º abr. 2015]; 66(3): 769-77. Disponível em: <http://ac.els-cdn.com/S0006349594808537/1-s2.0-S0006349594808537-main.pdf?_tid=35095ed2-ac0c-11e5-b026-00000aab0f27&acdnat=1451160593_25be57ab3e0ab638697fd4ddf1cd61e0>. Acesso em: 26 dez. 2015.

12   Kikkawa M. Big steps toward understanding dynein. *J Cell Biol.* 8 jul. 2013 [cit. 1º abr. 2015]; 202(1): 15-23. Disponível em: <http://linkinghub.elsevier.com/retrieve/pii/S0006349594808537>. Acesso em: 26 dez. 2015.

13   Rodnina MV, Wintermeyer W. The ribosome as a molecular machine: the mechanism of tRNA-mRNA movement in translocation. *Biochem Soc Trans.* Abr. 2011 [cit. 1º abr. 2015]; 39(2): 658-62. Disponível em: <http://www.biochemsoc-trans.org/content/39/2/658.long>. Acesso em: 26 dez. 2015.

14   Samie MA, Xu H. Lysosomal exocytosis and lipid storage disorders. *J Lipid Res.* 25 mar. 2014 [cit. 21 fev. 2015]; 55(6): 995-1009. Disponível em: <http://www.ncbi.nlm.nih.gov/pmc/articles/PMC4031951/>. Acesso em: 26 dez. 2015.

15   Marini M, Piantanida L, Musetti R, Bek A, Dong M, Besenbacher F, et al. A revertible, autonomous, self-assembled DNA-origami nanoactuator. *Nano Lett*, 14 dez. 2011 [cit. 1º abr. 2015]; 11(12): 5449-54. Disponível em: <http://www.ncbi.nlm.nih.gov/pubmed/22047682>. Acesso em: 26 dez. 2015.

16   Yao S. FDA approves Abraxane for late-stage pancreatic cancer. *FDA NEWS* Release. 2013. Disponível em: <http://www.fda.gov/NewsEvents/Newsroom/PressAnnouncements/ucm367442.htm>. Acesso em: 26 dez. 2015.

17   Chang TMS. Blood replacement with nanobiotechnologically engineered hemoglobin and hemoglobin nanocapsules. *Wiley Interdiscip Rev Nanomed Nanobiotechnol.* [cit. 1º abr. 2015]; 2(4): 418-30. Disponível em: <http://www.pubmedcentral.nih.gov/articlerender.fcgi?artid=3518484&tool=pmcentrez&rendertype=abstract>. Acesso em: 26 dez. 2015.

18   Lutz D. *The Many Colors of Blood.* ChemMatters, 3, 2010.

19   Reddick LE, Chotewutmontri P, Crenshaw W, Dave A, Vaughn M, Bruce BD. Nano-scale characterization of the dynamics of the chloroplast Toc translocon. *Methods Cell Biol.* 28 jan. 2008 [cit. 1º abr. 2015]; 90: 365-98. Disponível em: <http://www.ncbi.nlm.nih.gov/pubmed/19195558>. Acesso em: 26 dez. 2015.

20   Editorial NN. Bringing solar cell efficiencies into the light. *Nat Nanotechnol.* Set. 2014 [cit. 1º abr. 2015]; 9(9): 657. Disponível em: <http://www.ncbi.nlm.nih.gov/pubmed/25182031>. Acesso em: 26 dez. 2015.

21   Wu W, Shi T, Liao G, Zuo H. Research on Spectral Reflection Characteristics of Nanostructures in Morpho Butterfly Wing Scale. *J Phys Conf Ser*. 1º fev. 2011 [cit. 1º abr. 2015]; 276: 012049. Disponível em: <http://iopscience.iop.org/articl e/10.1088/1742-6596/276/1/012049/pdf>. Acesso em: 26 dez. 2015.

22   Igic B, Fecheyr-Lippens D, Xiao M, Chan A, Hanley D, Brennan PRL, et al. A nanostructural basis for gloss of avian eggshells. *J R Soc Interface*. 2014; 12(103): 20141210-20141210. Disponível em: <http://rsif.royalsocietypublishing.org/ cgi/doi/10.1098/rsif.2014.1210>. Acesso em: 26 dez. 2015.

23   Potyrailo RA, Ghiradella H, Vertiatchikh A, Dovidenko K, Cournoyer JR, Olson E. Butterfly Wing Nanostructures and Temperature Changes. *GE Global Research*. 2012 [cit. 1º jan. 2015]. Disponível em: <http://www.geglobalresearch.com/blog/butterfly-wing-nanostructures-and-temperature-changes>. Acesso em: 26 dez. 2015.

24   Zhang J, Ou J-Y, Papasimakis N, Chen Y, Macdonald KF, Zheludev NI. Continuous metal plasmonic frequency selective surfaces. *Opt Express*. 7 nov. 2011 [cit. 1º abr. 2015]; 19(23): 23279-85. Disponível em: <http://www.ncbi.nlm.nih. gov/pubmed/22109206>. Acesso em: 26 dez. 2015.

25   Autumn K, Gravish N. Gecko adhesion: evolutionary nanotechnology. *Philos Trans A Math Phys Eng Sci*. 2008; 366(1870): 1575-90.

26   Paretkar D, Kamperman M, Martina D, Zhao J, Creton C, Lindner A, et al. Preload-responsive adhesion: effects of aspect ratio, tip shape and alignment. *J R Soc Interface*. 2013; 10(83): 20130171. Disponível em: <http://www.ncbi.nlm. nih.gov/pmc/articles/PMC3645426/>. Acesso em: 26 dez. 2015.

27   Cheng YT, Rodak DE, Wong CA, Hayden CA. Effects of micro- and nano-structures on the self-cleaning behaviour of lotus leaves. *Nanotechnology*. 2006. p. 1359-62.

28   Nano N. Namib Desert Beetle Nano, 2015. Disponível em: <www.nbdnano. com/>. Acesso em: 26 dez. 2015.

29   Guadarrama-Cetina J, Mongruel A, Medici M-G, Baquero E, Parker AR, Milimouk-Melnytchuk I, et al. Dew condensation on desert beetle skin. *Eur Phys J E*. 2014; 37(11). Disponível em: <http://link.springer.com/10.1140/epje/ i2014-14109-y>. Acesso em: 26 dez. 2015.

30   Bittnar Z, Bartos PJM, Němeček J, Šmilauer V, Zeman J. *Nanotechnology in Construction* 3. 2009. 161 p.

31   Raki L, Beaudoin J, Alizadeh R, Makar J, Sato T. *Cement and concrete nanoscience and nanotechnology*. Materials. 2010. p. 918-42.

32   Bilalbegović G, Maksimović A, Mohaček-Grošev V. Do cement nanoparticles exist in space? *Mon Not R Astron Soc*. 2014; 442(2): 1319-25.

33 Shatkin J. *Nanotechnology*. Health and Environmental Risks. Boca Raton: CRC Press/Taylor & Francis Group, 2008, 167 p.

34 OECD. *Guidelines for Testing of Chemicals*: Section 4 Health Effects Guidelines, 2014.

35 SCCP. Scientific Committee on Consumer Products Opinion on Safety of Nanomaterials in Cosmetic Products, 2007. Disponível em: <http://ec.europa.eu/health/ph_risk/committees/04_sccp/docs/sccp_o_123.pdf>. Acesso em: 26 dez. 2015.

36 ISO/IEC/NIST/OECD. Documentary Standards for Measurement and Characterization for Nanotechnologies Characterization for Nanotechnologies, 2008. Disponível em: <http://www.steptoe.com/assets/htmldocuments/OECD_Workshop on documentary standards for measurement and characterization for nanotechnologies_Final Report_June 2008.pdf>. Acesso em: 26 dez. 2015.

37 Honeywell-Nguye P. L., Gooris G. S. BJA. Quantitative assessment of the transport of elastic and rigid vesicle components and a model drug from these vesicle formulations into human skin in vivo. *J Invest Dermat,* 2004; (123): 902-10.

38 Rizza PC, Drechsler MBF. Nanoemulsions as vehicles for topical administration of glycyrrhetic acid: characterization and in vitro and in vivo evaluation. *Drug Deliv*, 2010; (17): 123-9.

39 Oberdorster G, Maynard A, Donaldson K, Castranova V, Fitzpatrick J, Ausman K, Carter J, Karn B, Kreyling W, Lai D, Olin S, Monteiro-Riviere N, Warheit D, Yang H. Principles for characterizing the potential human health effects from exposure to nanomaterials: elements of a screening strategy. *Part Fibre Toxicol.* 2005; 2-8.

40 Powers KW, Brown SC, Krishna VB, Wasdo SC, Moudgil BM, Roberts S. Research Strategies for Safety Evaluation of Nanomaterials. Part VI. Characterization of Nanoscale Particles for Toxicological Evaluation. *Toxicol Sci.* 2006; 2(90): 296-303.

41 Hobbs JK, Vasilev C. HAD. VideoAFM—a new tool for high speed surface analysis. *Analyst.* 2006; (131): 251-6.

42 *12901-1 I. Nanotechnologies* – Guidelines for occupational risk management applied to engineered nanomaterials - Part 1: Principles and approaches, 2012. Disponível em: <http://sii.isolutions.iso.org/sii/home/catalogue_ics/catalogue_detail_ics.htm?ics1=07&ics2=030&ics3=&csnumber=52125>. Acesso em: 26 dez. 2015.

43 Esparza R, Rosas G, Valenzuela E, Gamboa SA, Pal U, Pérez R. Structural analysis and shape-dependent catalytic activity of Au, Pt and Au/Pt nanoparticles, Maté-

ria (Rio Janeiro). 2008 [cit. 6 nov. 2014]; 13(4). Disponível em: <http://www.scielo.br/scielo.php?script=sci_arttext&pid=S1517-70762008000400002&lng=en&nrm=iso&tlng=en>. Acesso em: 26 dez. 2015.

44 Aitken RJ, Creely KS, Tran CL. *Nanoparticles*: An occupational hygiene review. Edinburgh: Books H, editor, 2012. 113 p. Disponível em: www.hse.gov.uk/research/rrpdf/rr274.pdf>. Acesso em: 26 dez. 2015.

45 Chou LYT, Zagorovsky K, Chan WCW. DNA assembly of nanoparticle superstructures for controlled biological delivery and elimination. *Nat Nanotechnol*, fev. 2014 [cit. 28 out. 2014]; 9(2): 148-55. Disponível em: <http://www.pubmedcentral.nih.gov/articlerender.fcgi?artid=3947377&tool=pmcentrez&rendertype=abstract>. Acesso em: 26 dez. 2015.

46 Chaturvedi S, Dave PN, Shah NK. Applications of nano-catalyst in new era. *J Saudi Chem Soc*, jul. 2012 [cit. 13 out. 2014]; 16(3): 307-25. Disponível em: <http://linkinghub.elsevier.com/retrieve/pii/S1319610311000305>. Acesso em: 26 dez. 2015.

47 Edelstein AS. CRC. *Nanomaterials*: synthesis, properties, and applications. Press C, editor. 1998. 596 p.

48 Nanda KK. Size-dependent density of nanoparticles and nanostructured materials. *Phys Lett A*. out. 2012 [cit. 29 out. 2014]; 376(45): 3301-2. Disponível em: <http://linkinghub.elsevier.com/retrieve/pii/S0375960112010298>. Acesso em: 26 dez. 2015.

49 Kundu P, Anumol EA, Ravishankar N. Pristine nanomaterials: synthesis, stability and applications. *Nanoscale*, 21 jun. 2013 [cit. 29 out. 2014]; 5(12): 5215-24. Disponível em: <http://www.ncbi.nlm.nih.gov/pubmed/23674238>. Acesso em: 26 dez. 2015.

50 Poland CA. *Toxicology of high aspect ratio nanomaterials based on the fibre pathogenicity paradigm structure-activity relationship of pathogenic fibres*. The University of Edinburgh, 2011. Disponível em: <https://www.era.lib.ed.ac.uk/handle/1842/5579>. Acesso em: 26 dez. 2015.

51 Poland CA, Duffin R, Kinloch I, Maynard A, Wallace WAH, Seaton A, et al. Carbon nanotubes introduced into the abdominal cavity of mice show asbestos-like pathogenicity in a pilot study. *Nat Nanotechnol*, jul. 2008 [cit. 15 out. 2014]; 3(7): 423-8. Disponível em: <http://www.ncbi.nlm.nih.gov/pubmed/18654567>. Acesso em: 26 dez. 2015.

52 Xia X-R, Monteiro-Riviere NA, Riviere JE. An index for characterization of nanomaterials in biological systems. *Nat Nanotechnol*, set. 2010 [cit. 23 out. 2014]; 5(9): 671-5. Disponível em: <http://www.ncbi.nlm.nih.gov/pubmed/20711178>. Acesso em: 26 dez. 2015.

53 Da Rocha EL, Caramori GF, Rambo CR. Nanoparticle translocation through a lipid bilayer tuned by surface chemistry. *Phys Chem Chem Phys*, 21 mar. 2013 [cit. 29 out. 2014]; 15(7): 2282-90. Disponível em: <http://www.ncbi.nlm.nih.gov/pubmed/23223270>. Acesso em: 26 dez. 2015.

54 Da Rocha EL, Porto LM, Rambo CR. Nanotechnology meets 3D in vitro models: tissue engineered tumors and cancer therapies. *Mater Sci Eng C Mater Biol Appl*. 1º jan. 2014 [cit. 15 jul. 2014]; 34: 270-9. Disponível em: <http://www.ncbi.nlm.nih.gov/pubmed/24268259>. Acesso em: 26 dez. 2015.

55 Armand L, Dagouassat M, Belade E, Simon-Deckers A, Le Gouvello S, Tharabat C, et al. Titanium dioxide nanoparticles induce matrix metalloprotease 1 in human pulmonary fibroblasts partly via an interleukin-1 -dependent mechanism. *Am J Respir Cell Mol Biol*, mar. 2013 [cit. 6 nov. 2014]; 48(3): 354-63. Disponível em: <http://www.ncbi.nlm.nih.gov/pubmed/23239492>. Acesso em: 26 dez. 2015.

56 Liu X, Hurt RH, Kane AB. Biodurability of Single-Walled Carbon Nanotubes Depends on Surface Functionalization. *Carbon N Y*, 1º jun. 2010 [cit. 29 out. 2014]; 48(7): 1961-9. Disponível em: <http://www.pubmedcentral.nih.gov/articlerender.fcgi?artid=2844903&tool=pmcentrez&rendertype=abstract>. Acesso em: 26 dez. 2015.

57 Berti FV, Rambo CR, Dias PF, Porto LM. Nanofiber density determines endothelial cell behavior on hydrogel matrix. *Mater Sci Eng C Mater Biol Appl*, 1º dez. 2013 [cit. 29 out. 2014]; 33(8): 4684-91. Disponível em: <http://www.ncbi.nlm.nih.gov/pubmed/24094176>. Acesso em: 26 dez. 2015.

58 Teeguarden JG, Hinderliter PM, Orr G, Thrall BD, Pounds JG. Particokinetics in vitro: dosimetry considerations for in vitro nanoparticle toxicity assessments. *Toxicol Sci*, fev. 2007 [cit. 26 out. 2014]; 95(2): 300-12. Disponível em: <http://www.ncbi.nlm.nih.gov/pubmed/17098817>. Acesso em: 26 dez. 2015.

59 Rauscher H, Roebben G, Amenta V, Sanfeliu AB, Calzolai L, Emons H, et al. JRC Scientific and Policy Reports – Towards a review of the EC Recommendation for a definition of the term "nanomaterial" Part 1: Compilation of information concerning the experience with the definition, 2014. Disponível em: <http://publications.jrc.ec.europa.eu/repository/bitstream/111111111/31515/1/lbna26567enn.pdf>. Acesso em: 26 dez. 2015.

60 De Castro CL, Mitchell BS. *Synthesis, Functionalization and Surface Treatment of Nanoparticles*, Chap 1 – Nanoparticles from Mechanical Attrition. M. I. Baraton; 2002. 1 - 15 p. Disponível em: <http://cbe.tulane.edu/faculty/mitchell/JournalArticles/Nanoparticles Review.pdf>. Acesso em: 26 dez. 2015.

61 Cai M, Thorpe D, Adamson DH, Schniepp HC. Methods of graphite exfoliation. *J Mater Chem*, 2012 [cit. 6 nov. 2014]; 22(48): 24992. Disponível em: <http://xlink.rsc.org/?DOI=c2jm34517j>. Acesso em: 26 dez. 2015.

62 Chu KS, Finniss MC, Schorzman AN, Kuijer JL, Luft JC, Bowerman CJ, et al. Particle replication in nonwetting templates nanoparticles with tumor selective alkyl silyl ether docetaxel prodrug reduces toxicity. *Nano Lett*, 12 mar. 2014 [cit. 6 nov. 2014]; 14(3): 1472-6. Disponível em: <http://www.pubmedcentral.nih.gov/articlerender.fcgi?artid=4157645&tool=pmcentrez&rendertype=abstract>. Acesso em: 26 dez. 2015.

63 a) Xu J, Wong DHC, Byrne JD, Chen K, Bowerman C, DeSimone JM. Future of the particle replication in nonwetting templates (PRINT) technology. Angew Chem Int Ed Engl., 24 jun. 2013 [cit. 7 nov. 2014]; 52(26): 6580–9. Disponível em: <http://www.pubmedcentral.nih.gov/articlerender.fcgi?artid=4157646&tool=pmcentrez&rendertype=abstract b) LiquidiaTecnologies PRINT. [cit. 22 fev. 2016]. Disponível em: <http://www.liquidia.com/product-platform/introduction/>. Acesso em: 26 dez. 2015.

64 Raab C, Simkó M, Fiedeler U, Nentwich M, Gazsó A. Production of nanoparticles and nanomaterials. *NanoTrust-Dossier* n. 006, 2011. Disponível em: <http://epub.oeaw.ac.at/0xc1aa500e_0x002544e3.pdf>. Acesso em: 26 dez. 2015.

65 Cunningham A. BT. *Amorphous Nanophotonics*, Chapter 01. Springer Netherlands; 2013. p. 1-37.

66 Swihart MT. Vapor-phase synthesis of nanoparticles. *Curr Opin Colloid Interface Sci*, 2003; 8: 127-32. Disponível em: <http://www.eng.uc.edu/~beaucag/Classes/Nanopowders/2003ReviewofAerosolSynthesisSwei....pdf>. Acesso em: 26 dez. 2015.

67 Borsella E, D'Amato R, Fabbri F, Falconieri M, Terranova G. Report Synthesis of nanoparticles by laser pyrolysis: from research to applications, 2011. Disponível em: <http://www.enea.it/it/produzione-scientifica/EAI/anno-2011/n. 4-5 2011 Luglio-ottobre2011/Bacteria-endosimbionts-a-source-of-innovation-in-biotechnology-for-vector-borne-diseases-control>. Acesso em: 26 dez. 2015.

68 Vasilieva ES, Tolochko OV, Yudin VE, Kim D, Lee D-W. Production and application of metal-based nanoparticles, 10 ago. 2007 [cit. 5 nov. 2014]. Disponível em: <http://arxiv.org/ftp/arxiv/papers/0708/0708.1461.pdf>. Acesso em: 26 dez. 2015.

69 Dieckmann Y, Cölfen H, Hofmann H, Petri-Fink A. Particle size distribution measurements of manganese-doped ZnS nanoparticles. *Anal Chem*, 15 maio 2009 [cit. 5 nov. 2014]; 81(10): 3889-95. Disponível em: <http://www.ncbi.nlm.nih.gov/pubmed/19374425>. Acesso em: 26 dez. 2015.

70 Lewicka ZA, Benedetto AF, Benoit DN, Yu WW, Fortner JD, Colvin VL. The structure, composition, and dimensions of TiO_2 and ZnO nanomaterials in commercial sunscreens. *J Nanoparticle Res*, 27 jul. 2011 [cit. 12 out. 2014]; 13(9): 3607-17. Disponível em: <http://link.springer.com/10.1007/s11051-011-0438-4>. Acesso em: 26 dez. 2015.

71 Liu R, Sen A. Autonomous nanomotor based on copper-platinum segmented nano-battery. *J Am Chem Soc*, 21 dez. 2011 [cit. 5 nov. 2014]; 133(50): 20064-7. Disponível em: <http://www.ncbi.nlm.nih.gov/pubmed/21961523>. Acesso em: 26 dez. 2015.

72 Ted Pella I. Microscopy Products for Science and Industry, Unconjugated Gold and Silver Sols – Gold/Silver Colloids (Sols). [cit. 5 nov. 2014]. Disponível em: <http://www.tedpella.com/gold_html/goldsols.htm>. Acesso em: 26 dez. 2015.

73 FEI, Correlative Light and Electron Microscopy (CLEM). [cit. 22 fev. 2016]. Disponível em: <http://www.fei.com/products/tem/tecnai-icorr-for-life-scien ces/>. Acesso em: 26 dez. 2015.

74 Bruker. AFM Icon. [cit. 4 nov. 2014]. Disponível em: <http://www.bruker.com/ products/surface-analysis/atomic-force-microscopy/dimension-icon/over-view.html>. Acesso em: 26 dez. 2015.

75 Rauscher H, Roebben G, Amenta V, Sanfeliu AB, Calzolai L, Emons H, et al. JRC Scientific and Policy Reports - Towards a review of the EC Recommendation for a definition of the term "nanomaterial" Part 1: Compilation of information concerning the experience with the definition. 2014. Disponível em: <http://publica-tions.jrc.ec.europa.eu/repository/bitstream/111111111/31515/1/lbna26567enn. pdf>. Acesso em: 26 dez. 2015.

76 Khlebtsov BN, Khlebtsov NG. On the measurement of gold nanoparticle sizes by the dynamic light scattering method. *Colloid J*, 14 fev. 2011 [cit. 14 out. 2014]; 73(1): 118-27. Disponível em: <http://link.springer.com/10.1134/S1061933X1101 0078>. Acesso em: 26 dez. 2015.

77 Jamting ÅK, Cullen J, Coleman VA, Lawn M, Herrmann J, Miles J, et al. Systematic study of bimodal suspensions of latex nanoparticles using dynamic light scattering. *Adv Powder Technol*, mar. 2011 [cit. 5 nov. 2014]; 22(2): 290-3. Disponível em: <http://linkinghub.elsevier.com/retrieve/pii/S0921883111000409>. Acesso em: 26 dez. 2015.

78 a) Technology W. Understanding Dynamic Light Scattering. [cit. 5 nov. 2014]. Disponível em: <http://www.wyatt.com/theory/theory/understanding-qels--dynamic-light-scattering.html>; b) Malvern Instruments, Zetasizer Nano. [cit. 22 fev. 2016]. Disponível em: <http://www.malvern.com/en/products/product--range/zetasizer-range/zetasizer-nano-range/>. Acesso em: 26 dez. 2015.

79 Liu H, Pierre-Pierre N, Huo Q. Dynamic light scattering for gold nanorod size characterization and study of nanorod–protein interactions. Gold Bull, 20 set. 2012 [cit. 5 nov. 2014]; 45(4): 187-95. Disponível em: <http://link.springer.com/10.1007/s13404-012-0067-4>. Acesso em: 26 dez. 2015.

80 Chen H, Kou X, Yang Z, Ni W, Wang J. Shape- and size-dependent refractive index sensitivity of gold nanoparticles. Langmuir. 2008; 24(10): 5233–7. [cit. 22 fev. 2016]. Disponível em: <http://pubs.acs.org/doi/abs/10.1021/la800305j>. Acesso em: 26 dez. 2015.

81 Asbach C, Fissan H, Stahlmecke B, Kuhlbusch TAJ, Pui DYH. Conceptual limitations and extensions of lung-deposited Nanoparticle Surface Area Monitor (NSAM). *J Nanoparticle Res*, 16 set. 2008 [cit. 5 nov. 2014]; 11(1): 101-9. Disponível em: <http://link.springer.com/10.1007/s11051-008-9479-8>. Acesso em: 26 dez. 2015.

82 Chen H, Kou X, Yang Z, Ni W, Wang J. Shape- and size-dependent refractive index sensitivity of gold nanoparticles. Langmuir. 2008; 24(10): 5233–7. [cit. 22 fev. 2016]. Disponível em: <http://pubs.acs.org/doi/abs/10.1021/la800305j>. Acesso em: 26 dez. 2015.

83 TSI. Nanoparticle Surface Area Monitor 3550. [cit. 5 nov. 2014]. Disponível em: <http://www.tsi.com/nanoparticle-surface-area-monitor-3550/>; b) PALAS, U-SMPS 2050/2100/2200. [cit. 3 fev. 2016]. Disponível em: <http://www.palas.de/en/product/usmps2050_2100_2200>; c) Centre for Atmosferic Science, Differential Mobility Particle Sizer (DMPS) The Univerity Manchester, Inglaterra. [cit. 3 fev. 2016]. Disponível em: <http://www.cas.manchester.ac.uk/restools/instruments/aerosol/differential/>. Acesso em: 26 dez. 2015.

84 a) TSI. Differential Mobility Analyzers. [cit. 5 nov. 2014]. Disponível em: <http://www.tsi.com/differential-mobility-analyzers/>; b) TSI. Electrostatic Classifier 3080N. [cit. 3 fev. 2016]. Disponível em: <http://www.tsi.com/electrostatic-classifier-3080n/>. Acesso em: 26 dez. 2015.

85 Nanosight. Nanoparticle Traking Analysis (NTA). [cit. 5 nov. 2014]. Disponível em: <http://www.nanosight.com/technology/nanoparticle-tracking-analysis-nta>. Acesso em: 26 dez. 2015.

86 Filipe V, Hawe A, Jiskoot W. Critical evaluation of Nanoparticle Tracking Analysis (NTA) by NanoSight for the measurement of nanoparticles and protein aggregates. *Pharm Res*, maio 2010 [cit. 14 jul. 2014]; 27(5): 796-810. Disponível em: <http://www.pubmedcentral.nih.gov/articlerender.fcgi?artid=2852530&tool=pmcentrez&rendertype=abstract>. Acesso em: 26 dez. 2015.

87 Monshi A. Modified Scherrer Equation to Estimate More Accurately Nano--Crystallite Size Using XRD. *World J Nano Sci Eng*, 2012 [cit. 21 out. 2014];

02(03): 154-60. Disponível em: <http://www.scirp.org/journal/PaperDownload.aspx?DOI=10.4236/wjnse.2012.23020>. Acesso em: 26 dez. 2015.

88 PANalytical Empyrean. [cit. 22 fev. 2016]. Disponível em: <http://www.panalytical.com/Xray-diffractometers.htm>. Acesso em: 26 dez. 2015.

89 L. L. Introduction of Diffraction and the Rietveld Method, Corso do Laboratorio Scienza e Tecnologia Dei Materiali, University of Trento. [cit. 5 nov. 2014]. Disponível em: <http://www.ing.unitn.it/~luttero/laboratoriomateriali/RietveldRefinements.pdf>. Acesso em: 26 dez. 2015.

90 Konamax. Aerosol Particle Mass Analyzer Model APM 3601. [cit. 5 nov. 2014]. Disponível em: <http://www.kanomax-usa.com/research/apm/apm3600.html>. Acesso em: 26 dez. 2015.

91 Brunauer S, Emmett PH, Teller E. Adsorption of Gases in Multimolecular Layers. *J Am Chem Soc*, fev. 1938 [cit. 9 jul. 2014]; 60(2): 309-19. Disponível em: <http://pubs.acs.org/doi/abs/10.1021/ja01269a023>. Acesso em: 26 dez. 2015.

92 Micrometrics. TriStar II. Disponível em: <http://www.micromeritics.com/Product-Showcase/TriStar-II-Series.aspx>. Acesso em: 26 dez. 2015.

93 Disch S, Wetterskog E, Hermann RP, Salazar-Alvarez G, Busch P, Brückel T, et al. Shape induced symmetry in self-assembled mesocrystals of iron oxide nanocubes. *Nano Lett*, 13 abr. 2011 [cit. 19 nov. 2014]; 11(4): 1651-6. Disponível em: <http://www.pubmedcentral.nih.gov/articlerender.fcgi?artid=3075854&tool=pmcentrez&rendertype=abstract>. Acesso em: 26 dez. 2015.

94 Xenocs. Xenocs SAXS/WAXS Beamline for the Lab: Xeuss 2.0. [cit. 19 nov. 2014]. Disponível em: <http://www.xenocs.com/en/solutions/xeuss-2-0/>. Acesso em: 26 dez. 2015.

95 Disch S, Wetterskog E, Hermann RP, Korolkov D, Busch P, Boesecke P, et al. Shape induced symmetry in self-assembled mesocrystals of iron oxide nanocubes. Disponível em: <http://www.ncbi.nlm.nih.gov/pubmed/23536023>. Acesso em: 26 dez. 2015.

96 Meisburger SP, Warkentin M, Chen H, Hopkins JB, Gillilan RE, Pollack L, et al. Breaking the radiation damage limit with Cryo-SAXS. *Biophys J*, 8 jan. 2013 [cit. 19 nov. 2014]; 104(1): 227-36. Disponível em: <http://www.pubmedcentral.nih.gov/articlerender.fcgi?artid=3540250&tool=pmcentrez&rendertype=abstract>. Acesso em: 26 dez. 2015.

97 Crawford A, Silva E, York K, LC. Raman Spectroscopy: A Comprehensive Review. Disponível em: <https://www.academia.edu/1131363/Raman_Spectroscopy_A_Comprehensive_Review>. Acesso em: 26 dez. 2015.

98 a) Scientific T. Raman Spectroscopy DXR Microscope. [cit. 19 nov. 2014]. Disponível em: <http://www.thermoscientific.com/en/products/raman-spectroscopy.html?utm_medium=referral&utm_source=azom.com&utm_campaign=AZoM--Website>. b) Rigaku, Progeny – the first handheld Raman analyzer.. [cit. 22 fev. 2016]. Disponível em: <http://www.rigakuraman.com/products/progeny/>.

99 Tung VC, Huang J-H, Kim J, Smith AJ, Chu C-W, Huang J. Towards solution processed all-carbon solar cells: a perspective. *Energy Environ Sci*, 2012 [cit. 19 nov. 2014]; 5(7): 7810. Disponível em: <http://xlink.rsc.org/?DOI=c2ee21587j>. Acesso em: 26 dez. 2015.

100 Instruments P. Raman Spectroscopy Basics. Disponível em: <http://www.princetoninstruments.com/spectroscopy/raman.aspx>. Acesso em: 26 dez. 2015.

101 Oberdörster G, Oberdörster E, Oberdörster J. Nanotoxicology: An Emerging Discipline Evolving from Studies of Ultrafine Particles. *Environ Health Perspect*, 22 mar. 2005 [cit. 10 jul. 2014]; 113(7): 823-39. Disponível em: <http://www.ehponline.org/ambra-doi-resolver/10.1289/ehp.7339>. Acesso em: 26 dez. 2015.

102 Johnston CJ, Finkelstein JN, Mercer P, Corson N, Gelein R, Oberdörster G. Pulmonary effects induced by ultrafine PTFE particles. *Toxicol Appl Pharmacol*, 1º nov. 2000 [cit. 4 nov. 2014]; 168(3): 208-15. Disponível em: <http://www.ncbi.nlm.nih.gov/pubmed/11042093>. Acesso em: 26 dez. 2015.

103 OECD. *Preliminary Review of OECD Test Guidelines for their Applicability to Manufactured Nanomaterials*. ENV/JM/MONO(2009) 21, 10 jul. 2009. Disponível em: <http://www.oecd.org/officialdocuments/publicdisplaydocumentpdf/?cote=env/jm/mono(2009)21&doclanguage=en>. Acesso em: 26 dez. 2015.

104 Schneider T, Vermeulen R, Brouwer DH, Cherrie JW, Kromhout H, FCL. Conceptual model for assessment of dermal exposure. *Occup Environ Med*. 1999; (56): 765-73.

105 Sen D, Wolfson H, DM. Lead exposure in scaffolders during refurbishment construction activity – an observational study. Occup Med (Chic Ill), 1º fev. 2002 [cit. 4 nov. 2014]; 52(1): 49-54. Disponível em: <http://occmed.oupjournals.org/cgi/doi/10.1093/occmed/52.1.49>. Acesso em: 26 dez. 2015.

106 Ryman-Rasmussen JP, Riviere JE, Monteiro-Riviere NA. Penetration of intact skin by quantum dots with diverse physicochemical properties. *Toxicol Sci*, maio 2006 [cit. 13 out. 2014]; 91(1): 159-65. Disponível em: <http://www.ncbi.nlm.nih.gov/pubmed/16443688>. Acesso em: 26 dez. 2015.

107 Rouse JG, Yang J, Ryman-Rasmussen JP, Barron AR, Monteiro-Riviere NA. Effects of mechanical flexion on the penetration of fullerene amino acid-

-derivatized peptide nanoparticles through skin. *Nano Lett*, jan. 2007 [cit. 13 out. 2014]; 7(1): 155-60. Disponível em: <http://www.ncbi.nlm.nih.gov/pubmed/17212456>. Acesso em: 26 dez. 2015.

108 Sekkat N, Guy RH. *Pharmacokinetic Optimization in Drug Research*. Testa B, van de Waterbeemd H, Folkers G, Guy R, editores. Zurique: Verlag Helvetica Chimica Acta, 2001 [cit. 4 nov. 2014], p. 155-172. Disponível em: <http://doi.wiley.com/10.1002/9783906390437>. Acesso em: 26 dez. 2015.

109 Lockman PR, Koziara JM, Mumper RJ, Allen DD. Nanoparticle surface charges alter blood-brain barrier integrity and permeability. *J Drug Target*, jan. 2004 [cit. 4 nov. 2014]; 12(9-10): 635-41. Disponível em: <http://www.ncbi.nlm.nih.gov/pubmed/15621689>. Acesso em: 26 dez. 2015.

110 OECD. OECD Test n. 428: *Skin Absorption*: In Vitro Method. OECD Publishing, 2004 [cit. 4 nov. 2014]. Disponível em: <http://www.oecd-ilibrary.org/environment/test-no-428-skin-absorption-in-vitro-method_9789264071087-en>. Acesso em: 26 dez. 2015.

111 NITE. National Institute of Technology and Evaluation *J. Risk Assessment on chemicals-For Better Understanding*. Disponível em: <w.safe.nite.go.jp/english/shiryo/RA/about_RA4.html>. Acesso em: 26 dez. 2015.

112 EPA. Environmental Protection Agency. *Integrated Risk Information System (IRIS), Reference Dose (RfD)*: Description and Use in Health Risk, 1993 [cit. 10 nov. 2014]. Disponível em: <http://www.epa.gov/iris/rfd.htm>. Acesso em: 26 dez. 2015.

113 Agency E-EP. *Guidelines for Carcinogen Risk*, 2005. Disponível em: <http://epa.gov/cancerguidelines/>. Acesso em: 26 dez. 2015.

114 Schulte PA, Murashov V, Zumwalde R, Kuempel ED, Geraci CL. Occupational exposure limits for nanomaterials: state of the art. *J Nanoparticle Res*, 11 jul. 2010 [cit. 31 out. 2014]; 12(6): 1971-87. Disponível em: <http://link.springer.com/10.1007/s11051-010-0008-1>. Acesso em: 26 dez. 2015.

115 Simeonova PP, Opopol N, Luster MI. *Nanotechnology* – Toxicological Issues and Environmental Safety and Environmental Safety. Simeonova PP, Opopol N, Luster MI, editores. Dordrecht: Springer Netherlands, 2007 [cit. 4 nov. 2014]. Disponível em: <http://www.springerlink.com/index/10.1007/978-1-4020-6076-2>. Acesso em: 26 dez. 2015.

116 Kuempel ED, Castranova V, Geraci CL, Schulte PA. Development of risk-based nanomaterial groups for occupational exposure control. *J Nanoparticle Res*, 7 ago. 2012 [cit. 4 nov. 2014]; 14(9): 1029. Disponível em: <http://link.springer.com/10.1007/s11051-012-1029-8>. Acesso em: 26 dez. 2015.

117 ISO/DTR 18637. General Framework for the Development of Occupational Exposure Limits and Bands for Nano-Objects and their Aggregates and Agglomerates. Disponível em: <http://www.iso.org/iso/catalogue_detail.htm?csnumber=63096>. Acesso em: 26 dez. 2015.

118 IEH. *Approaches to Predicting Toxicity From Occupational Exposure to Dusts* (Report R11). IEH – Institute for Environment and Health, 1999.

119 MAK D-DF. *Liste aller Änderungen und Neuaufnahmen in der MAK- und BAT-Werte-Liste 2011*. Disponível em: <http://dfg.de/service/presse/pressemitteilungen/2011/pressemitteilung_nr_37/index.html>. Acesso em: 26 dez. 2015.

120 NIOSH. *NIOSH pocket guide to chemical hazards and other data-bases*. Cincinnati, OH: U.S, 2007. Disponível em: <http://www.cdc.gov/niosh/docs/2005-149/pdfs/2005-149.pdf>. Acesso em: 26 dez. 2015.

121 OECD. *Guidance on grouping of chemicals, Series on Testing and Assessment* n. 194. ENV/JM/MONO, 2014. Disponível em: <http://www.oecd.org/officialdocuments/publicdisplaydocumentpdf/?cote=env/jm/mono(2014)4&doclanguage=en>. Acesso em: 26 dez. 2015.

122 Linkov I, Steevens J, Adlakha-Hutcheon G, Bennett E, Chappell M, Colvin V et al. Emerging methods and tools for environmental risk assessment, decision-making, and policy for nanomaterials: summary of NATO Advanced Research Workshop. *J Nanopart Res*, abr. 2009 [cit. 4 nov. 2014]; 11(3): 513-27. Disponível em: <http://www.pubmedcentral.nih.gov/articlerender.fcgi?artid=2720173&tool=pmcentrez&rendertype=abstract>. Acesso em: 26 dez. 2015.

123 Schoeny R.S. ME. Evaluating comparative potencies: Developing approaches to risk assessment of chemical mixtures. *Toxicol Indust Heal*, 1989; (5): 825-37.

124 Dolan DG, Naumann BD, Sargent EV, Maier A, Dourson M. Application of the threshold of toxicological concern concept to pharmaceutical manufacturing operations. *Regul Toxicol Pharmacol*, out. 2005 [cit. 4 nov. 2014]; 43(1): 1-9. Disponível em: <http://www.ncbi.nlm.nih.gov/pubmed/16099564>. Acesso em: 26 dez. 2015.

125 Grieger KD, Linkov I, Hansen SF, Baun A. Environmental risk analysis for nanomaterials: review and evaluation of frameworks. *Nanotoxicology*, mar. 2012 [cit. 4 nov. 2014]; 6(2): 196-212. Disponível em: <http://www.ncbi.nlm.nih.gov/pubmed/21486187>. Acesso em: 26 dez. 2015.

126 Linkov I, Satterstrom FK, Steevens J, Ferguson E, Pleus RC. Multi-criteria decision analysis and environmental risk assessment for nanomaterials. *J Nanoparticle Res*, 20 mar. 2007 [cit. 4 nov. 2014]; 9(4): 543-54. Disponível em: <http://link.springer.com/10.1007/s11051-007-9211-0>. Acesso em: 26 dez. 2015.

127 Tervonen T, Linkov I, Figueira JR, Steevens J, Chappell M, Merad M. Risk--based classification system of nanomaterials. *J Nanoparticle Res*, 15 nov. 2008 [cit. 4 nov. 2014]; 11(4): 757-66. Disponível em: <http://link.springer.com/10.10 07/s11051-008-9546-1>. Acesso em: 26 dez. 2015.

128 Schulte P, Geraci C, Zumwalde R, Hoover M, Kuempel E. Occupational risk management of engineered nanoparticles. *J Occup Environ Hyg*, maio 2008 [cit. 31 out. 2014]; 5(4): 239-49. Disponível em: <http://www.ncbi.nlm.nih.gov/pubmed/18260001>. Acesso em: 26 dez. 2015.

129 Paik SY, Zalk DM, Swuste P. Application of a pilot control banding tool for risk level assessment and control of nanoparticle exposures. *Ann Occup Hyg*, ago. 2008 [cit. 4 nov. 2014]; 52(6): 419-28. Disponível em: <http://annhyg.oxford-journals.org/content/52/6/419.long>. Acesso em: 26 dez. 2015.

130 Jackson N, Lopata A. ET and WP. *Engineered nanomaterials*: Evidence of the effectiveness of workplace controls to prevent exposure. Safe Work Australia, 2009. 82 p.

131 Nations U-U. *Globaly Harmonized System of Classification and Labelling of Chemicals* (GHS). 4. ed. rev., 2011. Disponível em: <http://www.unece.org/trans/danger/publi/ghs/ghs_rev04/04files_e.html>. Acesso em: 26 dez. 2015.

132 12901-2 I. *Nanotechnologies* – Guidelines for occupational risk management applied to engineered nanomaterials – Part 2: The use of the Control Banding approach in occupational risk management, 2014. Disponível em: <http://www.iso.org/iso/catalogue_detail.htm?csnumber=53375>. Acesso em: 26 dez. 2015.

133 Executive H-H&S. *COSHH Essentials*. [cit. 4 nov. 2014]. Disponível em: <http://www.hse.gov.uk/coshh/essentials/index.htm>. Acesso em: 26 dez. 2015.

134 Administration O-OS& H. *Hazard Communication* – Appendix A To §1910.1200 – Health Hazard Criteria. 17574 Federal Register//Vol. 77, n. 58, 2012. Disponível em: <https://www.osha.gov/pls/oshaweb/owadisp.show_document?p_table=FEDERAL_REGISTER&p_id=22607>. Acesso em: 26 dez. 2015.

135 *Sanitarie A-A nationale de sécurité*. Development of a specific control banding tool for nanomaterials, 2010. Disponível em: <https://www.anses.fr/sites/default/files/documents/AP2008sa0407RaEN.pdf>. Acesso em: 26 dez. 2015.

136 Van Duuren-Stuurman B, Vink SR, Verbist KJM, Heussen HGA, Brouwer DH, Kroese DED et al. *Stoffenmanager Nano version 1.0*: a web-based tool for risk prioritization of airborne manufactured nano objects. Ann Occup Hyg, jul. 2012 [cit. 31 out. 2014]; 56(5): 525-41. Disponível em: <http://annhyg.oxford-journals.org/content/56/5/525.long>. Acesso em: 26 dez. 2015.

REFERÊNCIAS **225**

137 Brouwer DH. Control banding approaches for nanomaterials. *Ann Occup Hyg*, jul. 2012 [cit. 5 nov. 2014]; 56(5): 506-14. Disponível em: <http://annhyg.oxford-journals.org/content/56/5/506.long>. Acesso em: 26 dez. 2015.

138 Henry BJ, Shaper KL. PPG's safety and health index system: a 10-year update of an in-plant hazardous materials identification system and its relationship to finished product labeling, industrial hygiene and medical programs. *Am Ind Hyg Assoc J*. 1990; (51): 475-84.

139 Naumann BD, Sargent EV, Starkman BS, Fraser WJ, Becker GT, KGD. Performance based exposure control limits for pharmaceutically active ingredients. *Ind Hyg Assoc J*. 1996; (57): 33-42.

140 Commun OJE. *Council Directive 92/32/EEC*. Amending for the seventh time Directive 67/548/EEC on the approximation of the laws, regulations and administrative provisions relating to classification, packaging and labeling of dangerous substances, 1993. Disponível em: <http://faolex.fao.org/docs/texts/eur36 625.doc>. Acesso em: 26 dez. 2015.

141 ANSI. *ANSI Z400.1/Z129.1-2010*. Precautionary Labelling of Hazardous Industrial Chemicals. Disponível em: <http://webstore.ansi.org/RecordDetail.as-px?sku=ANSI+Z400.1/Z129.1-2010>. Acesso em: 26 dez. 2015.

142 Brooke IM. A UK Scheme to Help Small Firms Control Health Risks from Chemicals: Toxicological Considerations. *Ann Occup Hyg*, 1998 [cit. 5 nov. 2014]; 42(6): 377-90. Disponível em: <http://annhyg.oxfordjournals.org/cgi/doi/10.10 93/annhyg/42.6.377>. Acesso em: 26 dez. 2015.

143 HSE UK. *CHIP Chemicals (Hazard Information and Packaging for Supply) Regulations*. HSE - Health and Safety Executive UK, 2002. Disponível em: <http://www.hse.gov.uk/chemical-classification/legal/chip-regulations.htm>. Acesso em: 26 dez. 2015.

144 REACH. *Regulatory framework for the management of chemicals (REACH)*. European Chemicals Agency, 2000. Disponível em: <http://europa.eu/legisla-tion_summaries/internal_market/single_market_for_goods/chemical_pro-ducts/l21282_en.htm>. Acesso em: 26 dez. 2015.

145 IFA/DGUV. *GESTIS* – database on hazardous substances information system on hazardous substances of the German Social Accident Insurance. Disponível em: <http://www.dguv.de/ifa/Gefahrstoffdatenbanken/GESTIS-Stoffdatenbank/index-2.jsp>. Acesso em: 26 dez. 2015.

146 Regulation I-IC on C. Principles of Cosmetics Product Safety Assessment.

147 FDA. *Redbook 2000*. Toxicological Principles for the Safety Assessment of Food Ingredients, 2007. Disponível em: <http://www.fda.gov/Food/Guidance-

Regulation/GuidanceDocumentsRegulatoryInformation/IngredientsAdditi-vesGRASPackaging/ucm2006826.htm>. Acesso em: 26 dez. 2015.

148 FDA. *Guidance for Industry*: Photosafety Testing, 2003. Disponível em: <http://www.fda.gov/downloads/Drugs/.../Guidances/ucm079252.pdf>. Acesso em: 26 dez. 2015.

149 Union E-E. *Directive 2003/15/EC of The European Parliament and of the Council* Amending Council Directive 76/768/EEC on the approximation of the laws of the Member States relating to cosmetic products, 2003, p. 26-35. Disponível em: <http://eur-lex.europa.eu/LexUriServ/LexUriServ.do?uri=OJ:L:2003:066:0026:0035:en:PDF>. Acesso em: 26 dez. 2015.

150 Edwin G. Foulke J. *Guidance for Hazard Determination* – For Compliance with the OSHA Hazard Communication Standard (29 CFR 1910.1200). OSHA – U.S. Department of Labor Occupational Safety and Health Administration. [cit. 12 nov. 2014]. Disponível em: <https://www.osha.gov/dsg/hazcom/ghd053107.html>. Acesso em: 26 dez. 2015.

151 Yan J. Disaster *Risk Assessment*: Understanding the Concept of Risk. Training Workshop on Drought Risk Assessment for the Agricultural Sector. Ljubljana, Slovenia: GRIP – Global Risk Identification Programme, UNDP Bureau for Crisis Prevention and Recovery, 2010.

152 Van der Cruyssen C. *Risk Assessment for Dummies*, 2007. Disponível em: <http://ec.europa.eu/consumers/archive/safety/committees/wks_pres2_1112 2007.pdf>. Acesso em: 26 dez. 2015.

153 Christopher Frey H, Patil SR. Identification and Review of Sensitivity Analysis Methods. *Risk Anal*, jun. 2002 [cit. 12 nov. 2014]; 22(3): 553-78. Disponível em: <http://doi.wiley.com/10.1111/0272-4332.00039>. Acesso em: 26 dez. 2015.

154 RCOG – Royal College of Obstetricians and Gynaecologists. *Understanding how risk is discussed in healthcare*: Information for you, 2012. Disponível em: <https://www.rcog.org.uk/globalassets/documents/patients/patient-information-leaflets/gynaecology/understanding-how-risk-is-discussed-in-health-care.pdf>. Acesso em: 26 dez. 2015.

155 Harte, J. SJL. *Consider a spherical cow*: A course in environmental problem solving. Sausalito, CA: University Science Book, 1998, 283 p.

156 Elkington J. *Cannibals with forks*: The triple bottom line of 21st century business, 1998. 407 p.

157 Zalk DM, Paik SY, Swuste P. Evaluating the Control Banding Nanotool: a qualitative risk assessment method for controlling nanoparticle exposures. *J Nanoparticle Res*, 27 jun. 2009 [cit. 31 out. 2014]; 11(7): 1685-704. Disponí-

vel em: <http://link.springer.com/10.1007/s11051-009-9678-y>. Acesso em: 26 dez. 2015.

158 EU. *CLP-Regulation (EC) n. 1272/2008 of the European Parliament and of the Council*, 2008. Disponível em: <http://eur-lex.europa.eu/LexUriServ/LexUriServ.do?uri=OJ:L:2008:353:0001:1355:EN:PDF>. Acesso em: 26 dez. 2015.

159 OECD. *Series on the safety of manufactured nanomaterials, number 6*. List of manufactured nanomaterials and list of endpoints for phase one of the OECD testing program, ENV/JM/MONO(2008) 13, 2010. Disponível em: <http://www.oecd.org/officialdocuments/publicdisplaydocumentpdf/?cote=env/jm/mono(2010)46&doclanguage=en>. Acesso em: 26 dez. 2015.

160 Foss Hansen S, Larsen BH, Olsen SI, Baun A. Categorization framework to aid hazard identification of nanomaterials. *Nanotoxicology*, jan. 2007 [cit. 30 out. 2014]; 1(3): 243-50. Disponível em: <http://informahealthcare.com/doi/abs/10.1080/17435390701727509>. Acesso em: 26 dez. 2015.

161 NIOSH/CDC. *Qualitative Risk Characterization and Management of Occupational Hazards*: Control Banding (CB). A literature review and critical analysis. Cincinnati, OH: U.S, 2009.

Sobre os autores

LEANDRO ANTUNES BERTI

PhD em Soft Nanotechnology pela University of Sheffield, Inglaterra, e Graduado em Engenharia de Computação pela Universidade do Vale do Itajaí (Univali), Santa Catarina, Berti é membro do Comitê de Novos Materiais e Nanotecnologia da SAE Brasil, avaliador *ad-hoc* da Fundação de Amparo à Pesquisa e Inovação do Estado de Santa Catarina (Fapesc) e da Fundação de Amparo à Pesquisa do Estado do Amazonas (Fapeam).

Fundador e CEO na **Advanced Nanosystems**, empresa que desenvolve nanofluidos inteligentes para controle, amortecimento de vibrações e aumento de eficiência energética de sistemas elétricos, atua também como Secretário Executivo do **API.nano**, um cluster para apoio do desenvolvimento industrial da Nanotecnologia no Brasil com 102+ membros da indústria e academia sediado na **Fundação CERTI.**

Foi pesquisador em Nanobiotecnologia na InteLAB (Universidade Federal de Santa Catarina, UFSC), professor universitário de cursos de graduação e pós-graduação na Associação Beneficente da Indústria Carbonífero de Santa Catarina (SATC), Universidade do Extremo Sul Catarinense (Unesc), Escola Superior de Criciúma (Esucri), Centro Universitário Barriga Verde (Unibave), além de ter atuado como Engenheiro de desenvolvimento na Librelato Implementos Rodoviários e Engineer coordinator na Ionics – Automação e informática.

LUISMAR MARQUES PORTO

Formado em Engenharia Química pela Universidade Regional de Blumenau (FURB), tem mestrado em Físico-Química pela Universidade Federal de Santa Catarina (UFSC), sanduíche PEQ – Programa de Engenharia Química/COPPE-UFRJ (1987) e é PhD em Engenharia Química pela

Northwestern University, Ilinois (EUA). Fez pós-doutorado na University of Queensland, Austrália e participou como cientista visitante na Divisão de Ciências e Tecnologia em Saúde da Universidade de Harvard/ Instituto de Tecnologia de Massachusetts (MIT), Estados Unidos. Recentemente realizou estágio pós-doutoral na Friedrich-Alexander Universität Erlangen-Nürnberg, Alemanha.

É professor na Universidade Federal de Santa Catarina (UFSC) desde 1982, sendo um dos fundadores do Departamento de Engenharia Química e Engenharia de Alimentos, onde já atuou como Chefe de Departamento e como Coordenador da Pós-Graduação. Tem ampla experiência acadêmica e de consultoria em empresas na área de engenharia de processos em geral, incluindo processos químicos, biotecnológicos e biomédicos.

Supervisiona o Laboratório de Tecnologias Integradas (InteLab), que dá ênfase à pesquisa multidisciplinar, e lidera o Grupo de Engenharia Genômica e Tecidual da UFSC/Univali/CNPq, procurando aplicar o rigor e os fundamentos da engenharia química às áreas de biologia aplicada (biotecnologia) e saúde humana (medicina e odontologia). Foi vencedor do Prêmio Stemmer de Inovação de Santa Catarina (2011) na categoria Protagonista da Inovação.

Índice remissivo

A

ablação por laser · 52, 53

abordagem · 17, 47, 48, 55, 59, 76, 90, 92, 108, 109, 117, 123, 152, 155, 166, 169, 179, 186, 201
  adaptativa · 17, 155, 159
  bottom-up · 47
  categorias iniciais de perigo padrão · 129
  categórica · 128
  de categorização de perigo · 175
  de controle por faixas · 166, 194, 204
  de faixa de perigo · 129
  de matriz · 134
  de multicritério de análise de decisão (MCDA) · 129
  de nivelamento de risco · 188, 191, 192, 203
  de paralelogramo · 129
  de precaução · 177, 200
  de síntese · 48
  dinâmica · 155, 187, 202
  do *HSE COSHH Essentials* · 133
  em camadas · 166, 172, 176, 195
  não linear · 123
  nível de exposição · 190
  nivelamento de risco · 191
  padrão · 124
  por faixas de risco · 166
  por fases de produção de nanomateriais · 162
  por fases do NANO LCRA · 156
  proativa · 156, 187, 188, 190, 192, 202
  retroativa · 188, 195, 202
  top-down · 47

abrasão · 58, 192, 203

Abraxane · 6, 7

absorção · 27, 117-118, 141, 143
  da energia do laser · 58
  de água · 11
  de íons · 28
  de luz · 80
  de moléculas em solução · 27
  de nanomateriais · 17, 117, 143
  de substâncias · 117
  dérmica · 42, 45, 118, 125, 140, 145

actinas · 4

acumulação · 9, 139

adesão
  a seco · 9
  à superfície · 9
  por van der Waals · 8

aditivos · 18, 43

administração
  da terapia · 50

  dérmica · 139

adsorção · 95, 96, 110, 168, 196
  biológica · 38
  competitiva · 38
  de nanopartículas · 38
  de nitrogênio · 95

aerogéis · 68

aerossol · 23, 44, 58, 59, 87, 88, 94, 110, 134, 143, 170

aerossolização · 185

agentes
  adicionais · 20
  antiangiogênicos · 39
  cancerígenos · 125
  de controle · 49
  de desenvolvimento · VI
  dispersantes · 20
  nocivos · 6

aglomeração · 18, 26, 32, 41, 42, 44, 60, 61, 95, 109, 139, 168, 194, 203

aglomerado · 3, 25, 26, 27, 43, 54, 72, 84

agregação · 18, 26, 32, 42, 44, 73, 88, 89, 106, 109, 139, 140, 168

agregados · 3, 25, 26, 43, 74, 84

álcool · 61, 85
  butílico · 85, 86
  não butil · 86
  quente · 85

algoritmo · VII, 172, 186, 192, 196
  de árvore de decisão · 178, 186
  de controle por faixas · VII
  de exposição · 192, 193
  de nivelamento de exposição · 197
  de nivelamento de perigo · 196
  de Van Duuren-Stuurman · 192, 193

alocação · 99, 130, 132, 134, 136, 170, 172, 176, 177, 182, 188, 199
  da *beamline* · 99
  das faixas de controle · 167, 186
  de nanomateriais · 170, 176, 182
  de níveis de exposição · 181
  de níveis de perigo · 132, 134, 172, 177, 188
  de níveis de risco · 136
  de risco · 130, 134
  do nivelamento por perigo · 170, 199
  exposição ocupacional · 134-135

alterada
  atividade biológica · 17
  biodisponibilidade · 118, 141
  biodurabilidade · 118, 141
  pureza · 19

ambiental · VII, 151, 152, 154, 155, 156, 162, 168

232 NANOSSEGURANÇA

aspecto · 152, 153, 162
avaliação · 153
caminho · 153, 162
componente · 129
gerenciamento · 162
impacto · VII, 151-152, 154, 155, 160, 162
indústria · 30
problema · 152, 153
risco · 156, 162
segurança · 168
ambiente
controlado · 194, 204
de alta energia · 59
de trabalho · 26, 115, 116, 181, 182, 187, 197, 198
fechado · 190, 202
fisiológico · 37
gasoso · 49
natural · 97, 107, 110
oxidante · 59
pressão · 67
problemas de saúde do · 154
problemas de segurança do · 154
risco de contaminação do · 174, 200
temperatura · 67
amianto · 71, 127
aminoácido · 38
amostra · 21, 22, 23, 24, 25, 72, 73, 75, 76, 77, 78, 79, 80, 85, 87, 88, 89, 90, 91, 95, 97, 99, 100, 101, 102, 103, 104, 105-107, 108, 109, 110, 111, 175
biológica · 98, 110
cristalina · 23
de aerossol · 23, 85, 87, 109
de nanopartícula · 21
em 2D · 22
em meio aquoso · 88
em nanoescala · 75, 107
gasosa · 102
informação de · 75, 107
líquida · 102
medição de · 76
não cristalina · 94, 110
polifásica · 92
pré-fabricada · 93
sólida · 102
tamanho da · 128
amostragem · 127, 128, 142
amplitude · 78, 100, 108
de deflexão · 78, 108
de vibração · 100
restrição · 78, 108
analisador
de massa · 23, 44, 94, 106, 110
elétrico · 21
de mobilidade diferencial (DMA) · 23, 44, 87, 106, 109
análise
ambiental · 156
da estrutura de amostras · 98
das fases de produção de nanomateriais · 152
de área superficial específica · 96
de decisão · 129

de exposição · 158
de Fourier · 92, 109
de materiais carbonosos · 102
de nanoestruturas · 97
de NOAEL · 123
de NOAAS · 89
de partículas polidispersas · 89
de periculosidade · 158
de resposta à dosagem · 121
de Rietveld · 92, 93, 109
de risco · 15, 45, 118, 131, 133, 151, 153, 155, 156, 158, 160
de risco adaptativa NANOLCRA · 45, 158, 160, 161
de risco para nanomateriais · 151
de risco por fases de produção · 156, 162
de sistemas polidispersos complexos · 109
de tamanho de nanopartículas · 73, 107
de Warren-Averbach-Bertaut (WAB) · 92, 109
de Williamson-Hall (WH) · 91, 109
do rastreamento de nanomateriais · 88
granulométrica de pós-cristalinos · 91
in situ · 75, 107
interativa de níveis · 155
iterativa · 190, 202
por fases · 154
química · 72
segurança de nanomateriais · 119
toxicológicas de nanomateriais · 117
angiogênese · 41
anisotropias · 92, 106
anticorpo · 7, 49
área
da superfície externa · 25
de contato · 30
de superfície/superficial · 12, 16, 17, 19, 21, 2427, 28, 30, 31, 36, 44, 47, 83, 84, 95, 96, 106, 107, 108, 109, 110, 115, 118, 119, 139, 152, 169
de superfície de aglomerados · 83-84
superficial específica · 19, 27, 28, 36, 95, 96, 110
ataque
de enzimas · 34
tóxico *in vivo* · 117
atividade · 13, 32, 118, 183, 192, 197, 203
biológica · 17, 40
catalítica · 19, 30, 31, 168, 196
de alta energia · 183, 184
de baixa energia · 183, 184
de manutenção · 180
de mineração · 37
do operador · 180
fotocatalítica · 168, 196
ocupacional · 189
química · 17
atmosfera · 22, 191, 203
de ar · 22, 77, 105, 108
de líquido · 77, 105, 108
de moagem · 49
de pressão · 57, 76
de alto vácuo · 60, 68, 75, 76, 105
gasosa · 75, 77, 105, 107, 108

ÍNDICE REMISSIVO

inerte · 182
atmosférica
  concentração · 137
  pressão · 56
atômica
  composição · 27
  estrutura · 11
  montagem · 48, 67
  organização · 50
átomo · 30, 32, 53, 55, 91
atrito · 48, 67
automontagem · 3, 6, 10
avaliação
  ambiental · 153, 154, 156
  da aglomeração · 140
  da agregação · 140
  da distribuição · 72
  da emissividade · 182, 201
  da exposição ·115, 166, 167, 190, 202
  da solubilidade · 173
  da toxicidade de nanomateriais · 15, 44, 45, 141
  de dados · 81, 114
  de dosagem de referência (RfD) · 144, 160
  de dosagem-resposta · 121, 121, 122
  de dosagem-resposta linear · 124, 142
  de dosagem-resposta não linear · 122, 142
  de exposição · 166, 167, 190, 202
  de nanomateriais · 15, 72, 137, 168,
  de OEB · 133
  de OEL · 133
  de riscos · VI, 26, 28, 116, 120, 123, 128, 150, 155,
    162, 166, 168, 194, 195, 202, 204
  de segurança · 118, 138, 141, 156, 194, 195, 203
  do BMDL · 123
  do processo de nivelamento de perigo · 178, 188
  do risco potencial para trabalhadores · 181
  dos controles · 188, 202
  dos perigos · 129
  em Brouwer · 131
  in vitro · 116
  toxicológica de nanomateriais · VI

B

bactéria · 6, 42, 45, 139, 140
barreira
  energética · 30
  hematoencefálica · 118
  intestinal · 119
  intrínseca · 182
  sangue-cérebro · 141
bioabsorção · 39, 44
bioacumulação · 37, 38, 39, 40, 44, 45,
bioadsorção · 39, 44
bioatividade · 20, 37, 40, 44, 116, 126, 145
biodisponibilidade · 18, 42, 118, 141
biodurabilidade · 41, 45, 118, 141
biofilmes · 11
bioimagem · 58
biointeração · 20, 168, 196
biológica
  amostra · 98, 110

função · 97
interação · 44, 141
resposta · 169
biopersistência · 37, 39, 40, 41, 44, 45, 138, 168, 169,
  174, 196
biopersistente
  nanomateriais · 118, 174, 196, 200
  nanotubos de carbono · 35
  partículas granulares · 127
biopolímero · 4, 6
biorreatividade · 20
biossorção · 37, 38, 39, 44
bomba de próton · 6
bottom-up
  abordagem · 47, 67
  processo · 50, 65
  termo · 48

C

cabine · 181, 186, 191, 199, 203
  com suprimento de ar limpo · 191, 203
  de pulverização · 191, 203
  sem suprimento de ar limpo · 191, 203
  ventilada · 181, 186, 199
cadeia
  alimentar · 37, 40
  de fornecimento · 191, 203
  de PEG · 49
  de suprimentos · 157
Caelyx · 7
caixa
  de luvas/bolsa · 186, 190, 199, 202
cálcio · 12
  hidrato de silicato · 11
cálculo · 3
  analítico · 32
  da densidade · 32
  da distribuição de tamanho · 90, 109
  da exposição · 151
  da RfD · 124, 145
  do nível de risco · 188
calibração · 22, 85, 92
  custos de · 22
  fatores de · 85
câmara
  com atmosfera · 76
  de alto vácuo · 75, 105
  de condensação · 86
  de condensação fria · 85
  de reação · 55
  de vapor de álcool · 85
campo
  distante · 192, 193
  elétrico · 87, 102
  emissão de · 75
  próximo · 192, 193
câncer · 7, 35, 50, 72, 124, 125, 145
cancerígena(o)
  resposta · 124, 142
  substância · 124, 145
  agente · 125

234 NANOSSEGURANÇA

capela · 186, 190, 199, 203
capilar
  condensação · 95
  força · 9
captação · 117, 118, 141, 156
  de fibroblastos · 42, 45, 140
  de nanomateriais · 119
  em células (fagocitose) · 28
  no trato gastrointestinal · 119
característica · 139, 168
  biológica · 16, 41, 39
  da amostra · 77
  de aglomeração · 18, 26, 44, 139
  de agregação · 18, 26, 44, 139
  de carga do material · 17
  de objeto HARN · 34-35
  de superfície · 17
  determinística · 3
  do cristalino ou policristalino · 91
  do líquido · 184
  do material · 182, 201
  do nanomaterial · 13, 16, 194, 203
  do produto · 14
  estrutura cristalina · 17
  estrutural diferenciada · 30-31
  fisica · 16, 119
  física de NTC · 35
  físico-química · 41, 194, 203
  friabilidade · 182, 201
  forma · 16
  formato · 16
  nano · 9
  química · 16
  reativiade de superfície · 17
  revestimento de superfície · 17
  tamanho · 16
  toxicológica · 17
  viscosidade · 182, 184, 201
  volatilidade · 182, 184, 201
caracterização · 21, 168
  da superfície · 105
  de biopersistência · 41
  de exposição · 179
  de nanomaterial · VI, 17, 18, 20, 22, 44
  de nanopartícula · 87
  de perigo de nanomateriais · 133, 175, 179, 180, 196
  de riscos · 129, 158
  em nanoescala · 22
  e medidas de controle · 180
  forma de · 19, 22
  molecular · 101
  no local de trabalho · 180
  DLS · 89
carboidrato · 6
carbono · 10, 12
carbonoso · 52, 53, 54, 56, 59, 64, 68, 102
carcinogênica(o) · 127
  elemento · 28
  substância · 127, 175, 200, 206
  toxicidade · 71

carga · 13, 34, 49
  acoplada · 75, 205
  de superfície · 19, 27, 28, 33, 94, 110, 119
  densidade · 39
  do líquido · 33
  do material · 17
catálise · 30, 31
cavidade pleural · 35
célula · 4, 5, 6, 27, 28, 39, 40, 50, 116, 118, 141, 148
  de mamíferos · 42, 45, 140
  endotelial · 41
  energia da · 5, 6
  fotovoltáica · 7
  imune · 117
  in vitro 117, 143
  inflamatória · 117
  mediador · 117
  mutação de · 42, 45, 140
  núcleo de · 5
  resposta da · 117, 143
  sanguínea · 7
  superfície da · 38, 45
  teste em · 141
celular · 113
  contração · 5
  difusão · 42, 45, 140
  digestão · 6
  divisão · 4, 5
  energia · 6
  estrutura · 37
  fisiologia · 41
  formato · 4
  junções · 4
  membrana · 6
  movimento · 5
  mutação · 42, 45, 140
  parede · 139
  sinalização · 4
  superfície · 38, 45
celulose bacteriana · 41
cerâmico, material · 49, 52, 53, 54, 55, 57, 58, 59, 61, 62, 63, 64, 65
chumbo · 115, 127
ciclo de vida · 25, 154, 156, 157, 158, 161, 162
  análise de risco do · 155
  de nanomateriais · VII, 45, 151, 153, 155, 156, 160, 162, 165, 179, 208
  do produto · 158, 161, 180
  impacto ambiental · 206
  NOAA · 129
cinética · 88, 89, 106, 109
citoesqueleto · 4
citoplasma · 4, 39
citotóxico, citotoxidade · 29, 140
cloroplasto · 7
coeficiente
  de difusão · 81, 82, 89, 108
  de Fourier · 92
  de participação · 168
  dep · 196

ÍNDICE REMISSIVO **235**

coloidal (coloide)
  estabilidade · 32
  partícula · 61, 68
  sílica · 73, 74
  solução · 3, 32
  suspensão · 173, 199
complexo de Golgi · 5
componente · 3, 13, 25, 40
  ambiental · 129
  citotóxico · 29
  da matriz · 184
  do sangue · 2
  individual · 25
  ligado · 3
  molecular · 118
  múltiplo · 59
  nanoestruturado · 55
  ocupacional · 129
  primário · 44
  reativo · 29
  separado · 3
comportamento
  aerodinâmico · 35
  da aglomeração · 26
  da agregação · 26
  da célula endotelial · 41
  de dispersão · 89
  do cimento · 11
  do consumidor · 149, 162
  newtoniano · 3
  tóxico · 18
  toxicológico · 116
  viscoelástico · 11
composição · 17, 81, 83, 121, 190, 191, 202 *Consulte*
  atômica · 27
  da bicamada lipídica · 39
  da superfície celular · 45
  de nanopartícula · 83
  do nanomaterial · 38
  do Noaa · 168, 196
  elementar · 18, 43
  molecular · 27, 48, 67
  química · 16, 17,19, 20, 21, 28, 36, 37, 49, 113, 128, 133
compósito · 52, 53, 54, 55, 57, 58, 59, 61, 62, 63, 64, 65, 157
composto · 118, 188
  químico · 206
  sinal · 80
  toxicidade de um · 143
  organometálico · 7, 57
comprimento
concentração · 87, 114, 120, 192
  alterada · 19
  atmosférica · 132
  da substância · 120
  de ânions · 61
  de área de superfície · 84, 109
  de exposição · 136, 138
  de fundo · 192
  de íons · 33
  de massa · 139

  de nanomateriais · 180
  de nanopartículas · 83
  de partícula · 84, 106
  de reagentes · 63
  do agente · 120
  letal mediana · 136
  níveis de · 135
  química · 19
  -resposta · 120
condensação · 85
  câmara de · 86
  capilar · 95
  contador de partícula por · 85, 106, 109, 206
  de gás · 67
  de gás inerte · 48, 51, 52, 65, 66, 67
  fria · 85
  por vapor químico · 56, 65, 66, 68, 206
condições ambiente · 55, 67
confinamento · 129, 131, 143, 166
contador de partícula por condensação (CPC) · 23, 44, 85, 86, 87, 106, 109, 206
contenção completa · 186, 187, 199
controle por faixa (*control banding*) · VI, VII , 129, 130, 131, 132, 134, 143, 151, 152, 156, 158, 160, 161, 165, 166, 169, 172, 174, 179, 181, 187, 188, 194, 195, 198, 199, 202, 204
coprecipitação · 60, 61, 65, 66, 68
cosmético · 8, 14, 113, 114, 115, 138, 139, 140, 194
cristal
  anátase · 11, 73, 74
  rutilo · 73, 74
cristalinidade · 19, 64, 69, 91, 98, 106, 107, 109, 110
cristalografia · 84
  de proteínas · 98
  defeito · 92

D

análise de risco adaptativa NANO-LCRA · 45, 158, 160, 161
deposição · 84
  alveolar · 84
  brônquica · 84
  curva de · 83
  de nanomateriais · 119, 144
  do trato respiratório · 128
  em substrato · 98, 110
  fotoquímica · 56
  nasal · 84
  química · 55, 56, 65, 66, 68
  térmica · 57, 68
dessorção · 27, 96, 110
diâmetro
  circular equivalente · 72, 206
  da área · 72
  de Feret · 72
  dos nanobastões · 81
  em nanometros · 95
  hidrodinâmico · 72, 80, 88, 94, 106
difração por raio X · 23, 44, 91, 106, 210
difusão · 100, 117
  anti-Stokes · 101

236 NANOSSEGURANÇA

celular · 42
celular por absorção dérmica · 45, 140
coeficiente de · 81, 82, 108
da luz · 101
da partícula · 76, 89
das nanoestruturas · 97
de rotação · 82
de Stokes · 100
de translação · 82
dinâmica de luz · 23, 44, 79, 89, 105, 108, 206
elástica de Rayleigh · 100, 101, 102
em células · 116
fontes de · 192
inelástica · 100
por raio X · 97, 98, 107, 110
similar a nanopartículas esféricas · 81
distribuição de tamanho · 42, 44, 58, 68, 96, 98, 110
de nanopartículas · 79, 90, 95, 98, 105, 108, 110
de partícula · 16, 24, 47, 64, 69, 74, 79, 80, 81, 83, 87, 88, 90, 95, 106, 107, 109, 110, 168, 194, 196, 203
de poros · 107, 110
dosagem-resposta · 29, 121, 125, 126, 127, 142, 144
avaliação · 121, 124, 142, 144, 145
curva de · 124, 125
linear · 124, 145
não linear · 122
relação · 29, 37, 120, 121, 122, 138, 144
dosimetria · 117, 139, 194, 204
Doxil · 7

E
ecossistema · 153, 163
ecotoxicidade · 148
efeito · 36, 40
adverso · 29, 119, 120, 121, 122, 123, 132, 135, 137, 138, 141, 143, 144, 147, 161, 170, 171, 172, 208
adverso de nanomateriais · 24
agudo · 132, 134, 136, 137
benéfico · 40
biológico da nanoescala · 20
biológicos de nanomateriais · 116
Cassimir · 3
colaterais · 7
crítico · 120
crônico · 135, 136, 137, 143, 171
da dosagem · 117
da exposição · 114
de microtensão · 109
de nanomateriais na pele · 115
de truncamento de Fourier · 92
deletérios · 123
do tamanho do grão · 109
genotóxicos de nanomateriais · 42
na saúde · 83, 108, 132, 153, 163
observados · 116, 117
principais · 123
Raman · 100, 101
sem limiar · 175
severos · 170, 172
tóxico · 20, 27, 34, 36, 122, 142, 144
toxicológico · 28

emissão · 134, 181, 187, 188, 197, 198, 201, 202
COx · 30
de campo · 75
de um feixe de raios X · 91
do produto · 190, 203
dos nanomateriais · 181, 192, 201
hidrocarbonetos · 30
intrínseca · 192
NOx · 30
redução de · 180
energia · 6, 9, 30, 38, 51, 53, 54, 58, 59, 76, 105, 183, 184, 197
celular · 6
coesiva · 31
consumo · 65, 67, 69
conversão · 7
da célula · 5
de ativação · 55, 68
de reação · 57
de superfície · 40
do fóton · 101
do laser · 58, 102
em planta · 7
excedente · 101
externa · 11
fonte · 51
enzima · 4, 6, 30, 34, 98, 110
epidemiológico · 93, 132
dados · 168, 196
estudos · 114
equação · 192
de risco · VII, 147, 148, 151, 160
de Scherrer · 91, 92
de Stokes-Einstein · 79
equipamento de proteção individual (EPI) · 15, 191
espectroscopia de Raman · 100, 102, 107
estabilidade · 20, 24, 32, 33, 39, 42, 112
estação de trabalho · 181, 182, 183, 201
estrutura · 8, 24, 31, 34, 35, 43, 98, 118, 175
adesiva · 8
atômica · 11
autolimpante · 8
celular · 3, 4, 37, 38, 45
cristalina · 17, 20, 91, 92
de bioatividade · 126, 145
de DNA · 6
em forma de fecha · 5
extracelular · 37
física da superfície · 27
heme · 7
interna · 98, 107, 110
lamelar · 8
micrométrica · 13
moleculares · 7, 168, 196
química · 42, 100, 107, 111
estudo · 116, 17, 20, 27, 32, 81
clínico · 194, 204
com animais · 121,
com SAXS · 99
controlado · 121, 144
da partícula · 30, 37

ÍNDICE REMISSIVO **237**

de genotoxicidade · 194, 204
de mutagenicidade · 194, 204
de sensibilização · 194, 204
epidemiológico · 114
humanos · 125
in vitro · 42, 194, 204
in vivo · 139, 194, 204
toxicidade · 44
toxicológico · 15
exfoliação · 49, 67
eletroquímica · 49, 67
mecânica · 49, 67
térmica · 49, 67
exposição ocupacional · 7, 21, 83, 108, 125, 126, 128, 129, 132, 134, 159
faixa de · 126, 129, 209
limite de · 125, 126, 128, 129, 132, 209
extracelular
matriz · 38, 45
estrutura · 37

F
fagocitose · 28, 174, 194
faixa de exposição ocupacional. *Ver* OEB
farmacocinética · 117, 168, 196
fármacos · 40, 50, 138, 139, 140
fibra · 34, 41, 55, 62, 72, 100, 174, 175, 196
biopersistente · 174, 196, 200
de amianto · 71
de nanotubo · 72
de nanotubo de carbono · 71
HARN · 133
livre · 175
longa · 35, 174
no ar · 125
paradigma de · 174, 175, 196, 200
respirável · 34, 174, 175
reta · 175, 200
rígida · 174, 175, 200
fonte · 116, 181, 190, 202, 203
alternativa · 116
contenção · 181, 190, 203
de calor ʳ 55, 68
de campo distante · 192, 193
de campo próximo · 192, 193
de difusão · 192
de energia · 51
de excitação · 100
de fundo · 192
de ignição · 57
de imissão · 181
de produção de nanomateriais · 190, 202
de raio X · 99, 100
força · 2, 9, 11, 78, 94
adesiva · 8, 9
atrativa/atração · 32, 33
capilar · 9
centrífuga · 94
de ligação química · 183, 197
de superfície · 3, 78
de van der Waals · 8, 32, 33, 78, 79, 108

eletrostática · 94
forte · 2, 26
fraca · 8, 9, 10, 26, 78, 108
repulsiva · 33
repulsiva elétrica · 32, 33
superficial · 26
fototoxicidade
teste de · 42, 45, 138, 140
friabilidade · 482, 201
fulereno · 54, 56, 59, 65, 118

G
genotoxicidade · 42, 45, 138, 140, 171, 194, 204
testes de · 42, 139, 140
gerenciamento adaptativo · 152, 155, 156
grafeno · 25, 43, 49, 52, 60, 67, 68

H
hidrofílico · 9, 10, 118
hidrofóbico · 9, 10, 118

I
imissão · 180, 187, 188, 197, 198, 202
redução · 181
inalação · 17, 83, 109, 114, 115, 120, 125, 127, 130, 132, 134, 135, 136, 137, 145, 169, 170, 191
de nanopartícula · 83
do nanomaterial · 26, 35
ingestão · 17, 114, 115, 119, 125, 145
injeção · 116

L
lei de Bragg · 91
liberação · 153
acidental · 191, 203
de componentes reativos · 29
de nanomateriais livres no ar · 180, 184
de nanomateriais primários · 183
intencional · 153, 162
não intencional · 153, 162
potencial · 175
tópica de substâncias · 18
liga metálica · 49, 62, 68, 102, 107
limite de exposição ocupacional. *Ver* OEL
lipídio · 6, 7

M
macroescala · 2, 6, 8, 12, 13, 17, 31, 74, 177, 196, 200
macrófagos alveolares · 174
material
análogo · 176, 177, 200
base · 19, 130, 132, 176, 199
compósito · 54, 157
composto · 43, 183
condutor · 53-54
cristalino · 91
de dimensões nanométricas · 12
em macroescala · 12, 31, 177
em microescala · 12, 31, 177
mássico · 31, 32, 133, 176
mole · 91

238 NANOSSEGURANÇA

na nanoscala · 17, 169, 177, 200
policristalino · 91
sólido · 50, 51, 52, 183, 184, 197
meio ambiente · 20, 152, 155, 156, 159, 163
metal · 28, 49, 52, 53, 54, 55, 56, 57, 58, 59, 61, 62, 63, 64, 65, 68, 102, 107
   alcóxido · 61
   calcogeneto · 61
   cátion · 61
   óxido · 28, 61, 62
   pesado · 37
   pó · 128
   quelante de · 49
   reativo · 29
metodologia · 93, 126, 132, 156
   Comprehensive Environmental Assessment (CEA) · 153, 160
   da Osha · 137
   de alocação de níveis de perigo · 134
   de análise de riscos · 45, 133, 155
   de Brooke · 134
   de controle por faixa · VI, 165, 174
   de *COSHH Essentials* · 135, 136
   de faixa de exposição ocupacional (OEB) · 126, 134
métodos
   alternativos · 42, 154
   de alocação de riscos · 134
microescala
   materiais em · 17, 31
microestrutura · 26
microscopia · 291, 92
   de força atômica · 77, 108
   de varredura · 22, 72, 73, 74, 75, 76, 108
   eletrônica · 72, 73, 74, 95, 97, 107, 110
   eletrônica de transmissão · 22, 75, 107
   XRD ·comparado a · 91
mitocôndria · 5, 6, 7
modo de ação (MoA – *mode of action*) · 122, 125, 208
molécula · 3, 38, 51, 78, 78, 100, 101, 104
   astrofísica · 12
   colorida · 111
   de CO · 78
   de lipídio · 7
   de oxigênio · 7
   de sabão · 10
   do ambiente · 2
   em solução · 27
   excitada · 100
   gasosa · 95
   orgânica · 7, 11, 88, 109
   organometálica · 7
   pequena · 38
   polimérica sintética · 7
molecular
   caracterização · 101
   cinesina · 5
   componente · 1198
   composição · 27, 48, 67
   dineína · 5
   estrutura · 7, 168, 196

   forma · 173, 199
   interação · 37
   máquina · 10
   miosina · 5
   motor · 5
   organização · 50
   precursor · 61
   proporção · 63
movimento browniano · 2, 6, 79, 89

N
nanobastão · 25, 43, 81, 82
nanocerâmica · 58, 67
nanocompósito · 25, 43
nanocristal · 11, 98, 110
nanocubo · 25, 43
nanodiamante · 53, 56
nanoemulsão · 18, 118
nanoencapsulado · 7
nanoescala · 2, 3, 7, 8, 11, 12, 13, 14, 15, 17, 19, 20, 22, 25, 31, 34, 43, 44, 73, 74, 75, 76, 77, 107, 139, 169, 177, 200
nanoestrutura · 2, 3, 8, 10, 11, 12, 24, 25, 31, 32, 33, 43, 44, 49, 50, 61, 64, 65, 69, 97, 98, 105, 110, 133, 175
nanofármaco · 6
nanofibra · 41
nanofilme · 31, 32
nanofio · 25, 43
nanoforma · 113
nanomáquina · 6
nanomaterial · V, VI, VII, 3, 12, 13-20, 22-29, 32, 34-38, 40-45, 47-51, 54, 58, 60, 62, 65, 67, 68, 69, 72, 75, 77, 78, 81, 87, 88, 89, 91, 95, 105, 108, 109, 113, 114, 115, 116, 117, 118, 119, 125-127, 129-133, 137, 138, 139, 140, 141, 143, 144, 145, 147, 148, 151, 152, 153, 154, 155, 156, 157, 158, 159, 160, 162, 163, 165, 166, 167, 168, 169, 170, 172, 173, 174, 175, 176, 177, 178, 179-188, 190-203
   ancorado · 71, 181, 183, 197, 201
   biodegradável · 118, 119
   biopersistente · 118
   derivado · 130
   desancorado · 183
   insolúvel · 118
   não biodegradável · 119
   primário · 183, 184
   solúveis · 118
nanomedicina · 34
nanométrico · 48, 30
nanometro · 95
nano-objeto · 25, 44
nanoparticula · 39
   carregada · 39
   distribuição de tamanho · 24, 68, 79
   metálica · 39, 61, 62
nanopó · 57, 68, 108, 190, 191, 202, 203
nano-rigami · 6
nanorreator · 62
nanorrobô · 6
nanotecnologia · V, VI, 1, 2, 3, 7, 10, 12, 13, 14, 15, 17, 18, 20, 88, 131, 151, 152, 153, 193, 194

ÍNDICE REMISSIVO **239**

nanotoxicidade · VI, 173, 200
nanotoxicologia · V, VI, 15, 44, 166
nanotubo · 25, 35, 40, 43, 53, 72
  de carbono · 11, 34, 41, 71, 118, 133, 154, 157

O

OEB (*occupational exposure band*) · 126, 127, 128,
  129, 130, 132, 133, 134, 135, 137, 142, 209
  categorizado · 127, 128, 142
  do HSE · 134
  para NOAA · 126
OEL (*occupational exposure limit*) · 125, 126, 128,
  133, 134, 136, 143, 170, 188, 209
  categorizado · 126, 127, 128, 142, 145
  de partícula · 127
  específicos de química · 127
  individual · 126, 127, 129, 142, 145
  para Noaas · 129
  respirável · 127
óxido · 59, 61
  de alumínio · 127
  de cobalto · 128
  de ferro · 128
  de grafite · 49
  de zinco · 66
  nanopartículas de · 59

P

partícula · 27, 29, 34, 36, 80, 81, 85, 87, 89
  aglomeração de · 41, 95, 106, 139, 194, 203
  amostra · 72
  área superficial · 27, 28, 36, 95, 118
  carga de superfície · 28
  carregada · 87, 94
  coloidal · 61, 68
  composição · 20, 81, 83
  composição química · 20, 49, 128
  concentração · 84, 87, 106, 135
  constituinte · 94, 110
  contador de · 23
  contagem da · 87
  controle de dispersão · 67
  core-shell · 98, 110
  de referência (PdR) · 129
  densidade · 23, 81, 83
  dimensão · 34
  disco · 35
  distribuição de tamanho · 16, 47, 80, 90, 106, 107,
    168, 194, 196, 203
  dosagem-resposta para · 29
  efeito tóxico · 20, 36
  em suspensão · 180
  esférica · 82, 951
  forma · 81, 82
  formato · 23, 36, 73
  fracamente ligadas · 25
  interação da · 28
  massa da · 94, 106, 110, 205
  material da · 26
  mecanismo de formação · 60
  morfologia · 59

movimento · 89
nanocompósita · 184
nanoestruturada · 128
não esférica · 80, 108
número · 74, 82, 118
número total · 83
orientação de · 95, 110
polidispersa · 89
população de · 89
primária · 16
propriedade óptica · 81
quantidade de · 83
quase esférica · 83, 108
química de superfície de · 130
reação inflamatória · 116
reatividade de superfície · 115-116
secundária · 26
síntese · 49
superfície · 36, 49-50, 83, 115-116, 130
suspensão de bimodais · 80
tamanho de · 16, 18, 20, 23, 27, 28, 30, 48, 49, 54,
  59, 64, 67, 69, 72, 73, 74, 85, 86, 87, 88, 95, 105,
  106, 107, 109, 110, 118, 143, 169
tamanho nano · 119, 133
transporte · 174
ultrafina · 166
pele · 42, 45, 114, 115, 116, 118, 139, 140, 169
  absorção dérmica · 42, 45, 118, 125, 140, 145
  corrosão de · 42, 45, 140
  danificada · 118, 119
  doença de · 10
  fotoirratação · 138
  intacta · 118, 119
  irritação de · 138, 194, 204
  reconstrução de · 42, 45, 140
  sensibilização · 138
polímeros · 25, 33, 43, 49, 62, 64, 68, 69, 100
potencial
  carcinogênico · 127
  catalítico · 30
  de emissão · 134, 181, 187, 192, 201, 202
  de exposição · 113, 114, 129, 134, 141, 143, 153, 156,
    157, 166, 179, 184, 194, 195, 204
  de inalação de·nanomaterial · 26
  de periculosidade de um nanomaterial · 16
  de perigo · 20, 153, 156
  de redução · 168, 196
  de risco · 132, 156, 157, 153, 158, 159, 161
  dos efeitos adversos dos nanomateriais · 24
  toxicológico · 36
  zeta · 19, 28, 32, 33, 45
propriedades
  absorção · 27
  biológicas · VI, 12, 13, 16, 17, 37, 41, 44, 127, 142,
    148, 168, 194, 196
  carga de superfície · 27
  catalíticas · 27
  da nanoescala · 11
  de carcinogenicidade · 130, 175, 176, 200
  de CMRS · 175, 28, 176, 200, 206
  de nanoestruturas · 133

de nanomateriais · VII, 35, 42, 118-119
de periculosidade de nanomateriais · 16, 20
de solubilização · 42
dessorção · 27
do aerossol · 119, 144
do gás circundante · 95, 110
do material · 3, 12, 41, 83, 133
do material manométrico · 12
do produto · 149, 162
físicas · VI, 12, 13, 16, 17, 181, 201
físico-químicas · 18, 41, 42, 44, 117, 125, 127, 129, 130, 132, 142, 143, 148, 166, 168, 169, 194, 196
fotocalíticas · 11
fotônicas · 8
magnéticas · 17
mecânicas do cimento · 11
mutagenicidade/sensibilização · 130, 175, 176, 200
nano · 107, 126, 145
ópticas · 81
para reprodução tóxica · 200
perigosas · 28, 130, 133, 176, 177, 200
químicas · VI, 12, 13, 16, 17, 18, 166, 169
tóxicas associada para reprodução · 176
toxicológicas · 29, 36, 113, 200
proteína · 4, 6, 7, 37, 49, 98, 100, 109, 110
aminoácidos da · 6, 38
dinâmica · 4
em solução · 100
nanopartícula · 37
pulmão · 7, 106, 114
câncer de · 35
região alveolar do · 83
região traqueobrônquica do · 83
pulverização · 54, 57, 58, 59, 65, 66, 180, 185, 191, 203

R
razão de aspecto · 34
reação alérgica · 171
resíduo
de aminoiácidos · 38
catalítico · 29
respiratório
aparelho · 85
epitélio · 119, 144
sistema · 119, 144
trato · 26, 119, 128, 144, 169, 171
resposta
antitumoral · 39

S
semicondutores · 49, 54, 64, 68
indústria de · 49
silicato · 62, 68
sistema cardiovascular · 115

T
top-down · 49, 67
abordagem · 47, 67
nanomateriais · VII
processo · 48, 65
termo · 48
toxicidade
aguda · 71, 134, 135, 137, 138, 143, 168, 170, 196
carcinogênica · 71
-chave · 123
crônica · 168, 196
de dosagem de formulações · 41
de dosagem repetida · 138
de dose repetida · 168
de misturas particuladas · 29
de nanoestruturas · 175
de nanomateriais · 15
de nanopartículas · 30, 37
de níveis de perigo · 176
de produtos químicos · 138
de substâncias químicas · 15
de um ingrediente · 41
genética · 168, 196
histórico de · 169, 199
humana/não humana · 158, 161
in vitro · 194, 204
in vivo · 139, 194, 204
no desenvolvimento · 168, 171, 196
reprodutiva · 130, 168, 171, 196
sistêmica · 127, 129-130
subcrônica · 138
testes de · 45, 138, 139, 194, 203
toxicologia · 15, 83, 108, 151, 158, 166, 173
toxicológico
comportamento · 116
efeito · 28
modo de ação · 122
perfil · 177, 200
potencial · 36
risco · 177, 201
transmissão · 180, 187, 188, 197, 198, 202
redução de · 181
de raios X · 98

V
vibração · 100
básica · 100, 101
excitada · 101

Créditos das imagens

Figura 1.1 © NanoComposix, Inc.

Figura 1.2 Adaptado pelos autores

Figura 1.3 Aguardar crédito

Figura 1.4 Adaptada pelos autores

Figura 1.5 Adaptada pelos autores

Figura 1.6 © Carlos Renato Rambo e Luismar Marques Porto

Figura 2.1 Adaptada pelos autores

Figura 2.2 Imagens: cortesia de Joseph DeSimone

Figura 2.3 a 2.12 Adaptada pelos autores

Figura 3.1 © European Union, 1995-2016

Figura 3.2 Elaborada pelos autores

Figura 3.3 Imagem: cortesia da FEI; Ilustração: elaborada pelos autores

Figura 3.4 Imagem: cortesia de Bruker Nano Surfaces

Figuras 3.6 e 3.12 Imagens: cortesia da Malvern Instruments Ltd.

Figuras 3.9 e 3.10 Imagens: cortesia da TSI Incorporated

Figura 3.10 Gráfico: ©Lukas P/Creative Commons

Figura 3.11 Imagens (3) à esquerda: ©Palas GmbH; Imagem do Classificador eletrostático: cortesia de TSI Incorporated; Ilustração: adaptada pelos autores

Figura 3.14 Imagem: cortesia de PANalytical B.V.

Figura 3.16 Imagem: cortesia de Micromeritics®

Figura 3.17 – Cortesia da Xenocs

Figura 3.19 Elaborada pelos autores (esquema adaptado)

Figura 3.20 Imagem: cortesia de Thermo Fisher Scientific

Tabela 5.2 Adaptada pelo autor

Tabela 5.3 Adaptada pelo autor

Tabela 6.1 Adaptada pelo autor

Impressão e Acabamento

Bartira

Gráfica

(011) 4393-2911